KARL D. S. GEESTE

Stümpke's Rhinogradentia

D1721841

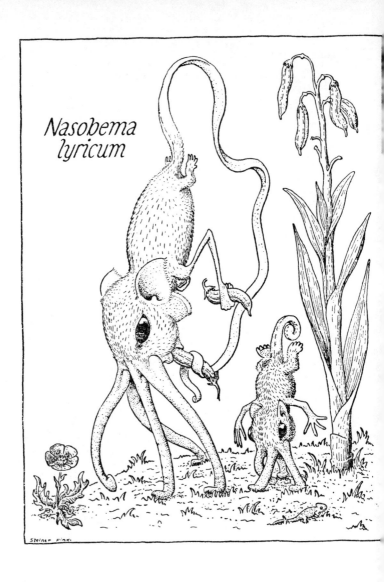

Nasobema lyricum

Karl D. S. Geeste

Stümpke's Rhinogradentia

Versuch einer Analyse

Mit 13 Abbildungen

GUSTAV FISCHER VERLAG · STUTTGART · 1987

CIP-Kurztitelaufnahme der Deutschen Bibliothek

Geeste, Karl D. S.:
Stümpke's Rhinogradentia: Versuch e. Analyse /
Karl D. S. Geeste. – Stuttgart: Fischer, 1987.
ISBN 3-437-30559-X

© Gustav Fischer Verlag Stuttgart · New York · 1987
Wollgrasweg 49, D-7000 Stuttgart 70 (Hohenheim)
Satz: Alwin Maisch, Gerlingen
Druck: Verlagsdruck, Gerlingen

ISBN 3-437-30559-X

Inhalt

Vorwort

Naturwissenschaftliche Werke brauchen meist weder Kommentare noch Interpretationen: denn man setzt voraus, deren Verfasser drücken ihre Gedanken und die mitzuteilenden Tatsachen klar und eindeutig aus. Bei geisteswissenschaftlichen Veröffentlichungen sowie den Erzeugnissen der sogenannten schönen Literatur gibt es hingegen keine allgemeingültigen Übereinkünfte, die Klarheit und Knappheit nahelegen. Oft wird hier sogar das Numinose als Kunstform geschätzt. Viele ihrer Aussagen kann man zudem überhaupt nicht als richtig oder falsch bewerten. Der Leser kann das nach eigenem Ermessen auffassen, je nach Überzeugung und mit der Mode wechselndem Geschmack. Die «Rhinogradentia» sind an der Grenze zwischen beiden angesiedelt. Man kann sie demnach entweder als wissenschaftlichen Unsinn abtun oder als spielerisches Unterfangen, das man mag oder nicht mag. Ein Kommentar kann dem gerecht werden, weil er zeitgeschichtliche und persönliche Hintergründe aufdeckt. Eine Interpretation kann Zusammenhänge verdeutlichen, die dem Fernerstehenden nicht ohne weiteres und ohne sie verständlich würden.

Das Büchlein von H. STÜMPKE (alias G. STEINER) erschien erstmals 1961 und brachte es seither auf 12 Auflagen mit 40 000 Exemplaren. Es wurde ins Französische, Englische und Japanische übersetzt und in vielen Zeitschriften und in der Presse nicht nur Deutschlands anerkennend besprochen. In deutschen und ausländischen zoologischen Museen gibt es inzwischen Balg- und Skelettpräparate von Rhinogradentiern. Die Tierwelt der Heieiei-Eilande diente und dient im Schul- und Hochschul-Unterricht als Modell für Evolutionsgeschehen und tritt auch entsprechend in Lehrbüchern auf. Ein Bakterienstamm und ein Kleinschmetterling sind nach den Naslingen bzw. ihrer Heimat benannt worden. Man hielt spaßige und ernste Vorträge über sie. Kurzum: Das Büchlein wurde in den letzten Jahrzehnten fast so etwas wie ein Welterfolg.

1986 sind es also 25 Jahre, seit es erstmals erschien, ein Anlaß mehr, es sich vorzunehmen. Nun ist aber ein erklärter Witz kein

Witz mehr. Wer sich also zu solch einem «Werk» äußert, darf nicht den Fehler begehen, die in ihm steckenden Scherze «erklären» zu wollen. Er darf nur den Rahmen abstecken, in dem das alles gesehen werden muß, und die Bedingungen nennen, unter denen es entstand. Das wäre eigentlich eine Aufgabe für den Verfasser selbst gewesen. Er wurde hierzu auch schon verschiedenemale angeregt. Im Hinblick auf sein vorgerücktes Alter hat er das aber jedesmal abgelehnt. Bei dieser Lage der Dinge hat der Unterzeichnete diese Aufgabe unternommen. Er wagt es, da er seit einigen Jahren mit ihm näher bekannt ist. Genau gesagt, seit 1983, als er den Autor der Rhinogradentier um ein Interview bat, das auf S. 63 hier auch abgedruckt ist und somit, sozusagen, der Kristallisationskeim für dies nun vorliegende Büchlein geworden ist.

Es gliedert sich in zwei Haupt-Abschnitte: Im ersten wird versucht, die in den «Rhinogradentia» angesprochenen Haupt-Themen näher zu betrachten, im zweiten folgen Dokumente, die sich auf seine Entstehung und deren Vorgeschichte beziehen, und solche, die das unterschiedliche Echo widerhallen lassen, das die «Rhinogradentia» fanden. Es schließt mit der Erläuterung einiger Namen und Bezeichnungen. Diese Art der Darstellung fand die Billigung STEINER's. Er äußerte hierzu lediglich – einschränkend: «Was Sie da geschrieben haben, klingt alles ganz glaubhaft. Aber es scheint mir doch so, als hätten Sie aus dem Ding mehr herausgeholt, als ich in es hineingesteckt habe. Das gehört wohl zum Wesen eines Kommentars.»

Girmadingen, im Februar 1986

KARL D. S. GEESTE

8

Betrachtungen

I

Grenzen der Glaubwürdigkeit

Sie ist ein schillernder Begriff; denn sie hängt sowohl vom Erzähler wie vom Erzählten ab. Einem ausgemachten Lügner oder Aufschneider glaubt man auch nicht, wenn er die Wahrheit sagt, einem honorigen Manne jedoch vielleicht sogar Fragwürdiges. So kann man auch die Verärgerung einer Leserin der «Rhinogradentia» verstehen (vgl. S. 87), die ungehalten wurde, als ihr ein angesehener Wissenschaftler nicht nur einen Bären, sondern gleich eine ganze Säugetierordnung aufbinden wollte.

Betrachtet man das Büchlein kritisch, muß man unterscheiden zwischen Wirklichem und Erfundenem, Glaubwürdigem und Unglaubwürdigem sowie Möglichem und Unmöglichem. Dann wird man bald (bei ausreichenden Kenntnissen) merken, daß hier zwar das meiste erfunden ist, daß jedoch die Unglaubwürdigkeiten und Unmöglichkeiten gar nicht dort vorliegen, wo man sie dem ersten Augenschein nach vermutet. Viel Seltsames ist weit weniger unmöglich (und damit unglaubwürdig) als scheinbar schlichte und unauffällige Gegebenheiten und Bedingungen. Hierfür sollen einige Beispiele genannt werden; andere findet der Leser vielleicht auch noch selber.

Ursprünglich ist das Nasobem von MORGENSTERN jedenfalls ganz ohne zoologische Bedenken, rein aus sprachschöpferischer Laune und Freude am Absonderlichen geschaffen worden, vergleichbar den anderen Gestalten seiner munteren Gedichte. Zudem könnte vielleicht überhaupt eine völlig andere Deutung des Gedichtes zutreffen, die von UBISCH (vgl. S. 107) geäußert hat: «Seine» Nasen seien die Nasen, auf denen das – vielleicht fliegenartig gedachte – Tierchen sich tummelt, gewissermaßen sein Nasen-Territorium.

Bleibt man jedoch bei der üblichen Deutung, der sich STÜMPKE-STEINER angeschlossen hat, so drängen sich dem Zoologen sofort als wirkliche Vergleichswesen die Kopffüßer (Tintenschnecken,

9

Kraken, Cephalopoden) auf, die – so sollte man meinen – eine recht närrische Erfindung der Mutter Natur sind. Aber auch hier – nunmehr in Wirklichkeit – ergibt sich diese «Konstruktion» als viel «normaler», als es der erste Augenschein vermuten läßt: Die Kopffüßer sind Verwandte der Schnecken. Beim sich bildenden Keim erscheint unterhalb bzw. hinter dem Mund – ähnlich wie bei den Schnecken – die Anlage des «Fußes». Diese wächst nun jedoch teilweise um das Mundfeld herum und bekommt knospenartige Zipfel, die sich dann zu den saugnapftragenden Armen auswachsen. In ihrer Mitte liegt nunmehr der Mund; und da man die Körpergegend, wo Mund, Augen und Hirn beieinander sind, im allgemeinen als «Kopf» bezeichnet, so wandelt ein Krake somit auf seinen Kopf-Füßen, eben diesen Armen.

Wollte man einen, auch für kundige Zoologen annehmbaren Nasobem-Keim zeichnen, dann dürfte der nicht lediglich gespaltene Nasenanlagen bekommen wie in der Abbildung 1 des STÜMPKE'schen Buches. Statt dessen müßte man diesem Embryo einen gezipfelten Mundsaum verpassen – vielleicht noch unter Hinzuziehung der Lippen (ähnlich den Tapiren oder Elefanten). Erst so käme eine Aufteilung der Nasen zustande mit einer glaubhaften Innervierung, die bei bloßer Mehrfachbildung nicht gegeben ist (vgl. Rh. S. 54, sowie S. 37 ff.).

Noch andere Unstimmigkeiten kann man entdecken, bei denen sich das Unglaubwürdige an zunächst unvermuteter Stelle findet; so beispielsweise beim Trompetennäschen *(Rhinostentor).* Zwar ist seine Ableitung von *Rhinosiphonia* scheinbar möglich, zumal diese ein recht glaubwürdiges Tier ist. Ihr unterirdischer Lebensraum ist nämlich örtlich wie zeitlich weitgehend un-unterbrochen, sieht man von Steinwüsten ab und betrachtet man nur das feste Land. In Wirklichkeit haben sich in diesem Lebensraum unabhängig von einander auch mehrere stark angepaßte Säugetiere entwickelt: Maulwürfe und Goldmull (Insektenfresser), Beutelmull (Beuteltier), Blindmäuse (Nagetiere); warum also nicht auch *Rhinosiphonia* und *Rhinotalpa?*

Trotzdem ist *Rhinostentor* ein unglaubhaftes Tier – nicht weil es an einen Wasserfloh erinnert, sondern weil sich in Wirklichkeit im Süßwasser kaum je so stark ans Wasserleben angepaßte Säugetiere entwickelt haben. Alle scheinbaren Gegenbeispiele sind aus dem Meer zugewandert, nachdem sie schon da zu Wassertieren geworden waren (Baikal-Seehund, Fluß-Zahnwale). Grund hierfür: Süßgewässer sind vergängliche Gebilde. Die meisten heute bestehenden Seen, auch die größten, sind nacheiszeitlich, also meist jünger als 10 000 bis 12 000 Jahre alt. Nur wenige reichen ins Tertiär zurück (z. B. Tanganjika, Baikal, Ochrida). Flüsse können zwar älter werden als Seen und sogar beträchtliche Gebirgsbildungen überstehen (z. B. Amazonas), sind im allgemeinen jedoch auch recht junge Gebilde. Für tiefgreifende «Umkonstruktionen» fehlte in diesem Lebensbereich die Zeit. Der südamerikanische Riesenotter mit seinen Schwimmflossen (in alten Flußsystemen lebend) ist schon unüblich weit umgeformt. Die Süßwasserseekühe Afrikas und Amerikas sind Einwanderer aus dem Meer.

Daß sich also ein ausgesprochenes Stillwassertierchen wie *Rhinostentor* aus einem Landtier – sei's auch ein unterirdisches – entwickelt hätte, ist völlig unwahrscheinlich, zumal es ja auch gar keine Vorrichtungen hat, notfalls von einem Gewässer zum anderen überzusiedeln. Nebenbei: Wasserinsekten sind kein Gegenargument; denn sie sind entweder nur im Jugendstadium weitreichend ans Wasser angepaßt und können als Erwachsene fliegen, oder sie bewegen sich an Land noch ganz geschickt fort.

Ganz hierzu im Gegensatz ist die so grotesk anmutende Rückentwicklungsreihe von *Rhinotalpa* zu *Remanonasus* durchaus nicht so abwegig, wie es auf den ersten Blick erscheint. Bei Nichtwirbeltieren kennen wir Rückbildungserscheinungen bis zur Unkenntlichkeit des Grundplanes; und auch bei Wirbeltieren hat es starke Rückbildungen gegeben. So sind die heutigen Schwanzlurche die verzwergten und in vieler Hinsicht vereinfachten Nachfahren der stattlichen «Stegocephalen»; und dem Schädel der Säugetiere sieht man deutlich an, daß er über 100 Jahrmillionen lang zu verzwergten Tieren gehörte, eine Tatsache, auf die viel zu wenig hingewiesen wird.

Daß bei der mit *Rhinotalpa* beginnenden Entwicklungsreihe schließlich sogar alle Wirbeltiermerkmale verlorengehen und nur noch die Nase in stark vereinfachter Form übrigbleibt, ist natürlich die Sache auf die (Nasen-)Spitze getrieben. Aber wie steht es mit den *Rhizocephalen* und *Mesozoen*? Unglaubwürdig ist hier also nicht das Maß der Verzwergung und Vereinfachung, sondern allenfalls die hierzu nötige evolutorische Geschwindigkeit.

Hierzu müßte man das erdgeschichtliche Schicksal der Heieiei-Eilande näher betrachten: Angenommen also, sie seien die Bergspitzen eines abgetauchten Restkontinents von der Größe Madagaskars, also eine weit abgedriftete Scholle des Gondwanakontinentes! Man könnte weiter annehmen: Einer schon früh abgelösten Scholle, die sich schon Ende der Jura- oder zu Beginn der Kreide-Zeit selbständig gemacht hätte. Allerdings strapaziert die im Büchlein beschriebene Begleitfauna und -Flora doch etwas die Vorstellungen der Paläontologen – so etwa die Nacktfarne *(Psilophyten)* oder die *Landtrilobiten*.

Aber schon wieder kann man alles umkehren: Zwar sind die «realen» *Trilobiten* zu Ende des Perm ausgestorben. Bis zur mittleren Kreide – der Abtrennungszeit der Heieiei-Eilande – würde also eine Zeit von etwa 90 Millionen klaffen, aus der keine Trilobiten mehr bekannt sind! Nun gibt es hierzu aber das reale Gegenstück der Latimeria: Sie wurde Ende der dreißiger Jahre eine zoologische Sensation; denn die nächsten Verwandten dieses «lebenden Fossils» waren jurassische Coelacanthiden, also vor etwa 140 Mio Jahren lebende Fische, und zwar im Süßwasser lebend, während Latimeria heute ein Tier der oberen Tiefsee ist. Die besagten Landtrilobiten wären also kaum unwahrscheinlicher (und unglaubwürdiger) als Latimeria, rein von ihrer ökologischen Nische und von ihrer zeitlichen Isoliertheit her.

Wiederum liegen die Schwierigkeiten vielleicht ganz anderswo: Von den *Trilobiten* hat man Unzahlen abgestoßener (gehäuteter) Panzer gefunden, seltener jedoch gut erhaltene ganze Tiere, von denen man annimmt, daß sie noch «kieferlos» waren, also weder Mundwerkzeuge nach Art der Spinnen hatten noch solche nach Art der Krebse, Tausendfüßler und Insekten. Die sehr zarten und feingliedrigen Beingrundglieder sind allemal fossil schlecht erhalten, sodaß man nur vermuten kann, wie diese Tiere sich ernährt haben: Jedenfalls kehrten sie mit feinen Borsten Schlamm und feinen Mulm zusammen und beförderten ihn in einer Bauchrinne nach vorn zum Mund – ähnlich wie heute planktonfressende primitive Krebse. Wie das nun auf dem Land vor

sich gehen soll? Mulm gibt es ja dort zwar auch in der Wald-
streu – locker und feinkrümelig genug, um nach Trilobitenart
verwertet zu werden? Oder sollte man vielleicht an eine Spezia-
lisierung denken – beispielsweise auf Pilzgeflechte? Manche im
übrigen sehr altertümliche Tiere haben sich ja durch Spezialisie-
rung bis heute erhalten, z. B. Schnabeligel.

Wer die «Rhinogradentia» didaktisch einsetzen möchte – eben
als Planspiel –, der müßte die Glaubwürdigkeit und deren Grenzen in jedem einzelnen Fall abschätzen (lassen), sowohl bei den
Einwänden wie bei den Befürwortungen und hierbei gewissermaßen alle Register ziehen (lassen). Der Text bietet hierfür noch
so manches.

2

Noch Seltsameres

Es wird hier wiederholt betont, daß die Rhinogradentier gar
nicht so absonderliche Bildungen sind, wie sie uns auf den ersten
Blick erscheinen, daß es vielmehr nur deren Ungewohntheit ist,
die uns verblüfft. Auch sind schon Vorbilder für einzelne «Kon-
struktionen» genannt worden, andere werden später noch erwähnt. Um das aber noch einmal zu verdeutlichen, seien hier
einige tatsächlich im Tierreich vorkommende Gestalten und Verhaltensweisen kurz besprochen, die – gäbe es sie nicht – als Aus-
wüchse närrischer Träume gewertet würden.

Schon die Eigentümlichkeit gehört hierher, daß wir mit der
ehemaligen Kiemenmuskulatur unserer fernen Fischvorfahren
lächeln, und daß der Elefantenrüssel letztlich auch von dieser ab-
stammt. Kennten wir nur Fische, und käme jemand daher, der
uns grimassierende Affen oder Menschen als glaubhafte Wesen
anböte, wir würden ihm an die Stirn tippen (falls er schon eine
hätte). Wie unglaubhaft noch mittelalterlichen Menschen schon
die Gestalt des Elefanten mit seinem Rüssel vorkam, kann man
noch von französischen romanischen Kirchenskulpturen ablesen;

13

denn dort finden sich an Säulenkapitellen «Elefanten», die eher wie Wildschweine mit etwas verlängertem Rüssel aussehen. Sogar eine so «bescheidene» Umbildung wie der verlängerte Giraffenhals stieß damals noch auf Unglauben. Noch im siebzehnten Jahrhundert wagten Maler, die (z. B. bei Paradies- oder Arche-Noae-Darstellungen) Giraffen im Bilde auftreten ließen, nicht, diesen einen Hals zu verpassen, der die tatsächliche Länge eines Giraffenhalses zeigte. Und die Begründung, diese Tiere hätten solch einen langen Hals, weil sie so das Laub der Bäume essen könnten, hätte man damals entweder für einen Scherz gehalten, oder man hätte es ebenso geglaubt, wie man phantastische Dämonen und Fabeltiere glaubte, bei denen man ohnehin alles für möglich hielt.

Der Zoologe kennt aus der vergleichenden Morphologie aber noch viele Beispiele so seltsamer Umfunktionierungen, wie sie kaum jemand phantasieren könnte. Nur zwei Beispiele sollen hier genannt werden, weil sie gar nicht so entlegen sind:

Fische haben Rückenflossen, die – wie die anderen Flossen auch – im allgemeinen die Aufgabe haben, beim Schwimmen als Stabilisierungsflächen zu dienen. Auf dreierlei Abwandlungen dieser Gebilde sei hier hingewiesen: 1. bei unserem Stichling *(Gasterosteus)* sind die ersten drei Flossenstrahlen zu derben Stacheln geworden, die sogar am Grund ein Sperrgelenk haben, wodurch sie ohne weitere Kraftanstrengung aufgerichtet gehalten werden können. Zwischen ihnen ist die Flossenmembran verschwunden. Sie sind wichtige und wirksame Abwehrwaffen geworden.

2. Beim Schiffshalter *(Echeneis)* ist die ganze erste Rückenflosse zu einem sehr wirksamen Saugnapf umgestaltet. Die Flossenstrahlen sind niedrig und breit geworden und zu spreizbaren Lamellen umgebildet. Um sie herum ist ein anschmiegsamer Wulst entstanden. Wird er an eine glatte Fläche (großen Fisch, z. B. Hai, oder ein Schiff) angepreßt und anschließend die umgebildeten Flossenstrahlen aufgerichtet, dann haftet hiermit der Schiffshalter fest und kann sich so von dem Hai oder dem Schiff mittragen lassen. (Die größeren Seewasseraquarien halten fast regelmäßig *Echeneis;* dort kann man die Wirkungsweise dieser Vorrichtung schön an der Aquarienscheibe beobachten.)

3. Bei den Verwandten des Anglerfisches *(Lophius)* und bei ihm selbst ist der erste Strahl der Rückenflosse ganz vorn auf die Schnauzenspitze gewandert. An seinem Ende hat er ein fleischiges Fähnchen entwickelt, das durch besondere Muskeln bewegt werden kann und dann sich windet wie ein Wurm. Lophius pflegt sich in den Sand zu vergraben, sodaß nur seine nach oben gerichteten Augen herausschauen – und eben diese «Angel» mit ihrem «Wurmköder». Will ein Fisch diesen scheinbaren Bissen schnappen, verschwindet er blitzschnell in dem riesig-breiten Maul des Lophius, dessen Verwandte in ganz entsprechender Weise angeln. So beispielsweise Histrio, der zwischen Sargassotangen liegt und dort durch seine Farbe und seine vielen tangförmigen Hautzipfel vortrefflich getarnt ist. Oder die ganze Sippe der Tiefsee-Angler, die statt des Wurmköders ein Licht an ihrer Angelrute tragen. Bei ihnen gibt es auch die unwahrscheinlichsten Abwandlungen dieses Prinzips – solche mit langer oder kurzer Angelrute oder auch solche, bei denen das Locklicht unmittelbar auf der Schnauzenspitze sitzt – und in jedem einzelnen Fall sind die Augen so nach oben oder vorn gerichtet, wie sie die Köderleuchte am besten «im Blick» haben. – Und diese war ursprünglich der erste Strahl der dem Schwimmen dienenden Rückenflosse!

Diesem dreifachen Beispiel kann ein anderes zur Seite gestellt werden: Die fast märchenhaften Umkonstruktionen der Mundgliedmaßen der Insekten. Ihren «Urzustand» können wir noch bei den Heuschrecken bewundern: Drei Paare von Kiefern, deren erste feste Beiß-Zangen sind, die zweiten gegliederte Laden und die dritten ebenfalls gegliederte, jedoch in der Mittellinie verwachsene Laden. In der Schule schon lernen wir, daß aus diesen beißenden und kauenden Mundwerkzeugen sehr verschieden geformte Saug- und Stechrüssel geworden sind – bei Schmetterlingen nur zum Saugen, bei Wanzen, Zikaden und Pflanzenläusen, bei Stechmücken und Bremsen, bei Flöhen und Tierläusen jedoch z. T. sehr verzwickt gebaute Stech- und Saugorgane, denen man nicht so leicht ihre Herkunft ansehen kann. Bei manchen Pflanzenläusen sind sie so außerordentlich verlängert, daß sie «in Ruhestellung» vor dem Kopf, im Kopf oder im ganzen Kopf und Leib in vielfache Schlingen aufgerollt liegen müssen; denn sie sind bedeutend länger als das ganze Tier. Ein technischer Vergleich zur Verdeutlichung: Es wäre so, als hätte man eine handliche Beißzange in ein Paar hochelastischer Stechkanülen von zehn Metern Länge umgeschmiedet. Wie schon ein paarmal gesagt, würde man dies Ausmaß an Umkonstruktion kaum glauben, gäbe es sie nicht «handgreiflich» in der Natur. Wie ebenfalls an anderer Stelle ausgeführt wird, handelt es sich aber auch hier «nur» um ganz außerordentliche Proportionsänderungen und nicht um völlige Neubildungen – ganz wie bei den verschiedenen Rhinogradentiern!

Die mit solchen Umwandlungen verknüpften Verhaltens- und Funktionsänderungen (bei den Naslingen) haben ebenfalls ihre weit sonderbareren Vorbilder in der wirklichen Natur: Ein sehr – im wahrsten Sinne – handgreifliches Beispiel: Wie gerade soeben ausgeführt wurde, dienen Fischflossen als Stabilisatoren beim Schwimmen, besonders die paarigen, deren Funktion die Flügelverwindeklappen unserer Flugzeuge nachgebaut sind. Aus solchen paarigen Flossen wurden die Schreitbeine der Vierfüßer. Aus diesen Schreitbeinen wurden die Greifarme und -Hände der Affen; und unsere eigenen Hände dienen nun nicht mehr (nur) dem Erfassen von Zweigen beim Klettern, sondern sind «Spannklammern» für allerlei Werkzeuge geworden, und unsere weitgehend unabhängig voneinander beweglichen Finger ermöglichen uns, Schreibmaschine zu tippen und Klavier, Geige oder Flöte zu spielen! Uns kommt das selbstverständlich vor. Aber ist es das?

Noch ein Beispiel: Die afrikanischen Buntbarsche (die gerne von Aquarienliebhabern gepflegt werden) haben alle eine sehr interessante Brutpflege: Die Pärchen halten zusammen, bewachen gemeinsam Eier und Brut und führen sie später spazieren. Bei manchen Arten tun das Mutter und Vater zu gleichen Teilen, bei anderen überwiegt bei der Brutpflege entweder der Vater oder die Mutter. Nun gibt es unter ihnen auch die sogenannten Maulbrüter. Hier nimmt das Weibchen die abgelegten Eier in den Mund und beläßt sie dort – wohlgeschützt und gut mit Frischwasser versorgt – bis die Jungen schlüpfen. Dann werden diese von der Mutter spazierengeführt. Naht Gefahr, schielt die Mutter nach unten, worauf ihre Kinder hurtig in ihr schützendes, hierfür weit offengehaltenes Maul flüchten.

Bei einer Gattung hat sich dieser ganze Funktionskreis in folgender Weise vervollkommnet: Wenn sich die laichwilligen Paare treffen, so schwimmen sie gemächlich im Kreise. Hierbei legt das Weibchen die Eier und nimmt sie bei der nächsten Runde in den Mund. Gegen Ende dieses Tuns legt sich das Männchen immer mehr zitternd auf die Seite und spreizt dabei seine Afterflosse, auf der «naturgetreu» Bilder der Eier «aufgemalt» sind. Wenn das Weibchen den größten Teil seiner Eier aufgesammelt hat, schnappt es auch nach diesen Ei-Attrappen – und im selben Augenblick stößt das Männchen sein Sperma ins Wasser aus, das nun «versehentlich» vom Weibchen aufgenommen wird, wenn es nach den Schein-Eiern schnappt. So werden die Eier in seinem Mund besamt. Es gibt ausgezeichnete wissenschaftliche Filme über diesen Vorgang *, von dem – könnte man sich nicht von diesem Hergang durch sie überzeugen – man denken könnte, ein etwas stark erotisierter Zoologe hätte ihn geträumt.

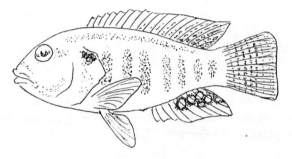

Abb. 1. Männchen von *Haplochromis burtoni* mit Ei-Attrappen auf der Afterflosse.

Auch die Erforschung der täuschenden Schutzvorrichtungen – Mimikry und ähnliche Erscheinungen – bringt noch und noch sehr unwahrscheinliche (und eben deshalb so wirksame) Gestalten, Zeichnungen und Verhalten zutage. Und ähnlich wie bei dem eben genannten Beispiel der Buntbarsche könnte man auch die Täuschungen der Ophrys-Orchideen für schwüle Phantasien halten, wenn es sie nicht tatsächlich gäbe: Hier imitiert die Orchideenblüte in Form, Farbe, Oberflächenbeschaffenheit und Duft

* W. WICKLER, Filme E 470; E 523; E 1122; E 2069; K 28 des Inst. f. d. wiss. Film, Göttingen.

Insektenweibchen. Bei den vergeblichen Kopulationsversuchen, die die zugehörigen Männchen an den Weibchen-Attrappen der Blüten vollziehen, wird ihnen der Orchideenpollen angeklebt – und beim nächsten vergeblichen Liebesakt auf der Narbe einer anderen Blüte abgeladen. Wie bescheiden sind demgegenüber die fast phantasielos ausgedachten Verhaltensweisen mancher Naslinge abgewandelt! Der viel bewährte Satz «Truth is stranger than tale» gilt auch hier.

3
Ein Märchen

Erzählungen aus einer Welt, wo Wünsche Wahrheit werden, wo geheime Hoffnungen und Befürchtungen Gestalt gewinnen, und der Leser oder Hörer zwischen Wirklichkeit und Einbildungskraft schwebt, nennen wir Märchen. Im Deutschen sind die Grimmschen Märchen die umfassendste und bekannteste Sammlung. Heute wissen wir, daß die dort zusammengestellten Erzählungen sehr unterschiedlicher Herkunft und Tiefe sind: Manche sind Umformungen uralter Sagen, manche Wiedergaben von entstellten, ursprünglich höfischen oder geistlichen Erzählungen, die teilweise auf antike Überlieferungen zurückgehen, manche aber sind auch recht neue Erfindungen von Ammen, moralisierenden Geistlichen oder Schulmeistern – kaum älter als fünfzig Jahre, damals als sie gesammelt wurden. Im vorigen Jahrhundert schlossen sich diesen Grimmschen Märchen viele weitere an, Kunstprosa der Romantik, Erbauliches oder auch willkürlich ins Geheimnisvolle Gesteigertes, billige Konsumliteratur des Kinderbilderbüchermarktes oder auch literarische Satiren. Somit wird die Grenze vom «echten» Märchen zu anderen Erzählungen verschwommen. Die oben genannten Kennzeichen des Märchens verblassen zuweilen. Ebenso wird die Grenze des Empfänger-Kreises verwaschen.

Im allgemeinen nehmen wir an, Märchen seien vor allem für Kinder da. Diese Einschränkung gilt indessen eigentlich erst für die neueste Zeit, da man Märchen deutlich von Sagen abgrenzt, die meist einen historischen Kern oder Vorwand enthalten. Das ist jedenfalls auch bei uns zunächst nicht so gewesen, ebensowenig wie bei den Märchen fremder Völker, die noch vor einer Generation – vor der erdrückenden Informationsflut von Rundfunk und Fernsehen – auf dem Markt von berufsmäßigen Erzählern und Barden vermittelt wurden. Märchen galten also auch als durchaus annehmbar für übers Kindesalter hinausgewachsene Menschen.

Sehen wir uns das an, was heute und bei uns zur Unterhaltung durch die «Medien» vermittelt wird, so nennt sich das zwar sehr unterschiedlich, auch sind die Informationsträger recht verschiedener Art: Schrift – Druck – gedrucktes Bild – elektronisch übermitteltes Wort und Bild; aber Märchen verbergen sich nicht nur in Film- und Fernsehschnulzen, sondern auch in anderen Verlautbarungen; denn ohne sie geht es offenbar nicht!

Unsere heutige Zeit hält allerdings noch Märchen bereit, die es früher nicht gab: Eine Welt, in der Wünsche Wahrheit werden, ist nämlich auch die nur scheinbar so nüchterne Welt der Forschung und der Technik: Nicht nur daß Menschen den Mond betraten, oder daß fern beim Jupiter durch den Weltenraum schwebende Apparate uns von den Vulkanausbrüchen auf dessen Monden Bilder zur Erde funken, ist Erfüllung Unwahrscheinliches anzielender Wünsche der Menschen. Auch unsere geradezu märchen-haft (hier nicht als leichtfertiges Wortspiel gemeint, sondern wortwörtlich!) leistungsfähige Medizin gehört hierher. Blasser Abglanz dieser Wahrheit gewordenen Wünsche sind die nie enden wollenden Science-fiction-Romane oder auch die «Sach»-Bücher, die in nüchternen Worten scheinbar Gefühlfernes darstellen, während sie in Wirklichkeit den Zauberwünschen romantisch träumender Leser Nahrung spenden. Betrachten wir, was auf dem Büchermarkt in den letzten Jahrzehnten «bestseller» wurde, so stellen wir fest, daß es immer Themen waren, die Fernes nah, Geheimes vertraut, Gefürchtetes greifbar und Unerlaubtes leibhaftig werden ließen. Nicht der gehörnte Teufel, der knochenklappernde Freund Hein, Besen reitende Hexen oder der zauberstabbewehrte Hexenmeister traten in ihnen auf, sondern ihre gleichartigen Vettern und Basen, nun aber in modekonformer Aufmachung und ausgerüstet mit den Apparaten, die uns scheinbar dienen, während wir ihnen verfallen sind.

So sind die «Rhinogradentia» auch nichts weiter als eine Geschichte vergleichbarer Art: Der Unbefangene geht auf dem Heieiei-Archipel spazieren wie auf einer fernen Ferieninsel, die vielleicht mit der Chartermaschine einer rührigen Touristik-Firma erreichbar wäre. Der «Fachmann» (nicht minder Romantiker als der Urlauber!) findet dort scheinbar Probleme gelöst, deren Durchdringung ihm in völlig wachem Zustand verwehrt ist – «noch», so wollen wir begütigend sagen. Märchen sind in gewissem Sinne Wachträume: Es gelten – fast – alle Regeln, die unser Verstand anerkennt, es gelten – fast – alle Formen, die unsere Sinne uns melden. Es paßt – wie im wahren Traum – alles so nahtlos zusammen; und wie im Märchentraum fühlen wir uns um Einsichten bereichert, denen wir im märchenlosen Tagestun mühsam nachjagen.

Vom Märchen, dem Wachtraum, zur Ironie führt ein kurzer Weg. Auch die berühmtesten Kunstmärchen des vorigen Jahrhunderts – etwa die von BRENTANO oder H. CHR. ANDERSEN – enthalten mehr Ironie, als der oberflächliche Leser zunächst merkt. Das Schmunzeln, das in unserem Gesicht aufleuchtet, wenn wir entsprechende Anspielungen – sie sollen harmlos und nicht verletzend sein! – entdecken, gehört zu den Freuden, die Märchen bieten können, weil sie letztlich Abbilder des Menschlichen mitteilen. Bücher, die Vergleichbares leisten, finden daher leicht große Verbreitung.

Aber auch das grimmige Gegenteil, der dunkle Albtraum, spiegelt sich im Märchen; und ähnlich, wie so manches nächtliche Schreckerlebnis solcher Art mit einem jähen Fall oder Knall endet, so verschwinden die holden Feen und ihre freundlichen Begleiter oft im Märchen plötzlich vor düsteren und grausamen Mächten, die das zarte Gespinst heiterer Phantasie unvermittelt zerreißen und die Helden der Erzählung ins Verderben stürzen. Viele Male gibt es das beispielsweise in den Märchen aus 1001 Nacht; und die deutschen Volksmärchen bieten ebenfalls Beispiele hierfür. Oft sind solche derben, unfreundlichen Ereignisse auch ein Mittel, das Märchenhafte der Erzählung vor dem Zugriff des nüchternen Tagesverstandes zu bewahren. Sie entsprechen dem DEUS EX MACHINA, der im antiken Schauspiel auf vernünftige Weise unlösbare Un-Sinnigkeiten im gegebenen Augenblick löschen und damit lösen mußte. Und so sehen wir, wie auch diese märchenhafte Heieiei-Inselwelt »im richtigen Augenblick« durch eine umfassende Katastrophe im Meer versinkt – auf Nimmerwiedersehen.

4
Ferne Eilande

Wer früher im Märchen oder sonst in einer erfundenen Geschichte den Helden oder die mit ihm zusammenhängenden Ereignisse so ansiedeln wollte, daß sie dem Zugriff der rauhen Wirklichkeit entzogen waren, verlegte sie auf «ferne Eilande».

Wir kennen das schon aus der griechischen Sagenwelt. Wir kennen es von den Märchen aus 1001 Nacht. Darüber hinaus wanderten bei vielen frühgeschichtlichen Völkern oder bei Stämmen der vorstädtischen Kulturen die Seelen der Verstorbenen fort in ein Land jenseits des Meeres. Man denke an die altägyptischen Totenbarken oder die Totenschiffe der Polynesier! Ferne Inseln blieben also unverbindliche geographische Orte, die man mit beliebigen Eigenschaften ausschmücken durfte, ohne zur Rechenschaft gezogen werden zu können. Was lag also näher, als auch die Rhinogradentier auf solchen entrückten Inseln anzusiedeln?

Früher allerdings hatte man es da besser als heute: Wer konnte nachprüfen, ob stimmte, was behauptet wurde? Die große weite Welt jenseits des beengten Heimathorizonts lag unerforscht da. Jenseits der «Säulen des Herkules» floß der unergründliche Okeanos. Schon Teile des Schwarzen Meeres, also eines Binnenmeeres, grenzten für die Griechen an fabelhafte Länder, die Jason mit seinen Argonauten besuchte. Selbst die Araber des früheren Mittelalters, die doch schon mit ihren Fernseglern große Reisen wagten – von Afrika bis Ostasien – erzählten sich von noch ferneren und geheimnisvollen Gestaden, wo der Riesenvogel Rock hauste oder andere seltsame Ungetüme. Auch in die Erzählungen von dem sagenumwitterten Herzog Ernst sind die arabische Sagen und Märchen mit eingewoben. Erst die europäischen Seefahrer seit dem Ende des fünfzehnten Jahrhunderts räumten allmählich in unzähligen Fahrten, die sie sorgsam vermaßen, mit den unergründlichen Weiten des Meeres auf. Noch vor hundertzwanzig Jahren gab es in den Atlanten zwar noch große weiße Flecken im Innern Afrikas, Asiens oder Südamerikas: die Meere mit ihren Küsten und Inseln kannte man jedoch schon recht genau, und die Europäer vereinnahmten sie oder hatten sie schon längst vereinnahmt.

Wo sollte nun ein Autor unseres kenntnisreichen Jahrhunderts noch Phantasie-Inseln, die er für seine erfundenen Tierchen brauchte, aus dem weiten Meer herausschauen lassen? Zwar galt es ja nur, einem Scherz oder seinen Kindern eine Heimat zu geben; aber da der Scherz einer in wissenschaftlichem Gewande war, so mußte nicht nur die Zoologie einigermaßen «stimmen», sondern eben auch die Geographie! Ein kleiner Trick half schon ein bißchen: Bei der Karte der Heieiei-Eilande fehlen Längen- und Breitengrade oder entsprechende Zahlenangaben. Das fiel auch manchen aufmerksamen und kritischen Lesern auf (vgl. S. 88). Aber hier konnte solch eine, in wörtlichem Sinne, «Utopie», also «Nicht-Örtlichkeit» nicht genügen, um die angestrebte Glaubhaftigkeit des Ganzen einigermaßen zu stützen. Deshalb mußten die Inseln – wo immer man sie auch hinschob – ins große Bild unserer heutigen Geographie passen – und da half dem Autor sicher das Glück, also ein mehr zufälliger Entschluß:

Ende der fünfziger Jahre, als sich die Gedanken für den 1960 verfaßten Text formten, wußte man zwar noch wenig von Plattentektonik und Ozeanboden-Ausbreitung. Damals gab es sogar nocheinmal eine Gegenströmung gegen die Wegener'sche Kontinentalverschiebungstheorie. Erst in jenen Jahren häuften sich die modernen Argumente für sie, teils durch die genaue Echolot-Vermessung der Meeresböden, teils durch paläomagnetische Untersuchungen, vor allem südamerikanischer und südafrikanischer Gesteine. Für manche Fachleute allerdings stand die heute gültige Vorstellung über die großen Erdkrustenbewegungen der geologischen Epochen schon fest. Damit war die Nische, wo man das Heieiei-Archipel ansiedeln sollte, geradezu winzig geworden.

Auf der Suche nach brauchbaren Vorbildern mußte berücksichtigt werden, daß der Ordnung der Naslinge für ihre «evolutionäre Leistung» ziemlich lange Zeiträume zugestanden werden mußten. Das Galapagosarchipel bot sich zwar an, wurde aus eben diesem Grund jedoch verworfen, zumal damals noch das dortige Vorkommen der Riesenschildkröten und Leguane Erklärungsschwierigkeiten machte. Andere ozeanische Inseln – Vulkane und Koralleninseln – schieden ebenfalls aus; denn sie waren einerseits zu jung, andererseits beherbergen sie nur eine verhältnismäßig artenarme Fauna «Zugereister». Das einzig wirklich brauchbare Vorbild blieb einerseits Neuseeland, andererseits die Seychellen, also wohl mehr oder weniger abgetauchte Schollen des Gondwana-Kontinentes. Gerade die Seychellen mit ihrer zwar durch zu klein werdende Biotope ausgedünnten, jedoch in mancher Hinsicht alten und altertümlichen Fauna paßten recht gut zur Heimat einer erfundenen Fauna, die einerseits ausgesprochen altertümliche Elemente enthalten (vgl. z. B. S. 12), andererseits – ähnlich wie die der Galapagos-Inseln – auch lokale Aufspaltungen und Artbildungen zeigen sollte.

So ergab sich also eine Inselgruppe, der man ansehen mußte, daß sie im wesentlichen aus den Gipfeln eines im übrigen abgesunkenen Gebirges besteht. Man könnte sogar noch weiter spekulieren: Die Kontinentalscholle mußte ursprünglich sogar größer gewesen sein als Neuseeland (vgl. S. 2 der Rh.), ihr Absinken – und damit die Artenaufsplitterung – wäre jedoch recht jungen Datums, wie die Artengruppe der Hopsorrhinen zeigen könnte, die z. T. auf der Grenze zwischen Rassen und echten Arten liegen (vgl. S. 12 der Rh.). All das klingt also recht annehmbar.

Daß schließlich diesen alten Inseln gegen Ost und NO Koralleninseln vorgelagert sind, würde sie als im Bereich entsprechender Passatströmungen liegend ausweisen, wiederum «einleuchtend».

Unglaubwürdig bei diesen im übrigen recht sorgfältigen Kon-

struktionen bleibt allerdings doch der beschriebene oder ange-
deutete Artenreichtum der, absolut genommen, recht kleinen Inseln. Schon für die Seychellen gilt ja, daß ihre Fauna ausgedünnt
oder etwas ausgeblutet ist. Das gilt für alle Inseln und um so
mehr, je kleiner sie sind. Sie stimmen hierin mit Naturschutzge-
bieten überein, die zwar nicht wie die Inseln im Meer, sondern
in der unwirtlichen Zivilisationswüste liegen, aus der keine Rück-
wanderer zu erwarten sind.

Zugunsten des Autors kann man hierzu sagen: Ein Modell ist
meist kleiner als die es vertretende Wirklichkeit. Zudem war die
Erde 1960 ohnehin schon für ein paar kleine dazuerfundene Inseln zu gut erforscht; größere oder gar ein kleiner Kontinent fanden da erst recht keinen Platz mehr.

5
Sind die Rhinogradentia Fabeltiere?

Fabelwesen sind zu allen Zeiten und wohl auch bei allen Völkern entstanden. Schon in der berühmten Höhle von Lascaux findet sich neben den staunenswert gekonnt und naturnah dargestellten Steppenwisenten ein Männlein mit Tierkopf (ca. 17 000
Jahre alt) – man vermutet hier einen vermummten Schamanen;
aber es könnte auch ein dämonisches Fabelwesen sein. Auch in der
frühen ägyptischen Kunst, die sich sonst in ähnlicher Weise reali-
stisch gibt, wurden seltsame Fabelwesen erfunden, Löwen, deren
Köpfe auf Schlangenhälsen aufgesetzt sind; und der (oder die)
ägyptische Sphinx wurde ja später auch in Kunst und Mythologie der Syrer und der alten Griechen übernommen, von wo sie
über Rom schließlich noch jahrhundertelang im Abendland ihr
Dasein fristete, schließlich nicht mehr als Dämon, sondern nur
noch als antikisierendes Schmuckwesen.

Noch reicher an Fabelwesen ist der babylonische Kulturkreis.

Dort gibt es Mischwesen aus Widder und Fisch, Flügeltiere, Flügellöwen, Greife und geflügelte Menschen. Sie finden sich als Cherubim im Alten Testament (Ezechiel 1; 5 ff.) wieder, mit Menschen-, Löwen-, Stier- oder Adlergesicht. Bei den Griechen wurde der adlergesichtige Cherub mit dem Löwenleib zum Gryps, aus dem dann im Deutschen «Greif» wurde (was mit «greifen» also nichts zu tun hat). Die menschengesichtigen Cherubim sind das Vorbild der christlichen Engel. Im babylonischen Kulturkreis gab es auch eine geflügelte Schlange, die in der Bibel als Seraph auftaucht, und (psychologisch) eine Entsprechung im mittelamerikanischen Quezalcoatl, der Federschlange, hat.

Auch in Süd- und Ostasien finden sich viele fabeltierartige Dämonen, ebenso bei fast allen Naturvölkern.

Welche Zusammenhänge zum Abendland bestehen, wurde soeben schon angedeutet. Die vielen Teufeldarstellungen des Mittelalters und der frühen Neuzeit sind, genau genommen, ebenfalls die von Fabeltieren oder doch zum mindesten «Kreuzungen» von Menschengestalten und Tierwesen. Bezeichnend hierfür ist der berühmte DÜRER'sche Kupferstich «Ritter, Tod und Teufel». Wer ihn genau betrachtet, erkennt, daß des Teufels Kopf aus folgenden Bestandteilen «aufgebaut» ist: Eulenkopf (hierfür gibt es eine Naturskizze von DÜRER), Schweinsrüssel, Schweineohren, Hahnen-Kehllappen, Hirsch-Augensprosse und Widdergehörn. Hierzu trägt der Teufel Fledermausflügel.

Ganz wild geht es schließlich auf den phantastischen Bildern von HIERONYMUS BOSCH her, auf denen es in manchen Fällen geradezu von Fabeltieren und anderen Fabelwesen wimmelt, aus denen schon viel herausgedeutet worden ist. Mit solchen sind in einer Zuschrift (S. 93 ff.) auch Rhinogradentier gleichgesetzt worden – zu Unrecht, wie noch gezeigt werden soll.

In der neueren Kunst sind vor allem ARNOLD BÖCKLINS erstaunlich lebensvoll und lebenswahr wirkende antike Nereiden, Kentauren und Faune bewundert (oder abgelehnt) worden – Wesen, die so leibhaftig wirken, daß man meint, man könne ihnen in entsprechender Landschaft eines Tages begegnen.

In heruntergekommener Form bevölkern Fabeltiere Zeichentrickfilm und Funny-strip-Serien unserer Tage. Sie sind dort meist in Gesellschaft klischeehaft karikierter Menschen, vereint mit einer rückentwickelten Sprache, die in Fetzen aus «Sprechblasen» blubbert.

Was ist all diesen Fabeltieren und anderen Fabelwesen gemeinsam, obwohl sie in ihrer kulturellen Bedeutung vom Gott bis zum banalen Witzgebilde reichen?

Abb. 2. Chimäre (Umzeichnung nach einem in etruskischem Grab gefundenen Teller): Hier besteht sie aus Löwin (mit Mähne!) und aus deren Rücken sprossendem Ziegenkopf.

In fast sämtlichen Fällen sind es «Mosaikchimären». Hiermit ist folgendes gemeint: Als «Chimäre» galt bei den klassischen Griechen ein Ungeheuer, das vorn Löwe, in der Mitte Ziege und hinten Drache war. In etruskischen Darstellungen wächst ihm ein Ziegenkopf aus der Mitte des Rückgrates. Der Ausdruck wurde in die Biologie übernommen für Lebewesen, die aus zweien oder mehreren zusammengesetzt sind. Jeder gepfropfte Baum ist im Grunde solch eine Chimäre. Aber auch den Zoologen «gelang» entsprechendes, indem sie z. B. Frosch- und Krötenkeime zusammensetzten, aus denen sich dann Tiere entwickelten, die vorn Frosch und hinten Kröte waren, oder es wurden meh-

26

rere Axolotlkeime hintereinander verbunden, sodaß aus ihnen sechsbeinige Tiere entstanden. «Mosaikchimäre» meint in diesem Sprachgebrauch also ein Lebewesen, das mosaikartig aus mehreren, unterschiedlichen Tieren zusammengefügt ist. Und das sind die hier aufgeführten Fabeltiere fast ausnahmslos (vgl. auch S. 108).

Hierbei machte man sich kaum Gedanken, ob Derartiges lebensfähig wäre. Bei den ursprünglich als Dämonen gedachten Wesen des vorderen Orients spielte solches auch gar keine Rolle; denn ein Dämon ist zu vielem fähig, ob und wie er ißt und trinkt, bleibt dahingestellt, ob er – mit oder ohne Flügel – schweben kann, ebenfalls. Zudem stammen solche Dämonen ursprünglich jedenfalls aus lebhaften Träumen, in denen sich das Tagesgeschehen in seltsam unkontrollierter Weise verdichtet, und Wünsche und Ängste unmittelbar Gestalt gewinnen. So vereint sich etwa die grimme Kraft des Stieres mit der übermächtigen Gewalt des Löwen und der fliegenden Allgegenwart des Adlers. Oder die unerbittlich tödliche Giftschlange kriecht nun den Menschen nicht mühsam an, sondern kommt über ihn wie der Raubvogel über den Hasen, geflügelt und mit Windeseile.

In ähnlicher Weise bekommen die Dämonen der Finsternis und des Bösen ihre Zutaten. Schon der Ausdruck «der Finsternis» weist darauf hin, daß Böse und Nacht für den Menschen als nahe beieinander gelten. Der Mensch ist ein Tagwesen und hat Angst vor der Nacht. Darin gleicht er vielen Tagtieren, die ebenfalls Nachtangst zeigen. Nichts liegt somit dem Träumenden oder Phantasierenden näher, als den bösen Geistern, die er fürchtet, das für «das Gezücht der Finsternis» Bezeichnende anzuhängen. Wiederum zeigt das die christliche Mythologie des Mittelalters: Die Engel des Lichtes sind beflügelt – mit bunten Vogelflügeln; aber der Satan, der «Engel der Finsternis», trägt Fledermausflügel, die man allenfalls noch den bösen Drachen verpaßte. Daß Dürers vorhin erwähnter Teufel ein Eulengesicht hat, gehört auch hierher.

Die «Visionen» des HIERONYMUS BOSCH sind indessen völlig anders zu werten: Zwar müssen seine Bilder verstanden werden als Anrufe im christlichen Sinn. Sie stellen Sprichwörter oder das Lob der Guten und die Strafen der Bösen dar und schmücken

Heiligenlegenden aus mit den Widersachern des christlich geordneten Weltbereiches. Im einzelnen sind diese Chimären jedoch jedenfalls keine bildgewordenen, irren Träume eines überspannten Geisteskranken, sondern völlig nüchtern und mit einem gewissen grimmigen Witz konstruierte Mischwesen. Schaurig an ihnen ist weniger ihre Herkunft, die eben nicht aus einem kranken Geist kommt, sondern mehr die Kunstfertigkeit, mit der Verblüffendes in fast «natürlicher» Weise zusammengefügt ist – und das in einer Gesamtszenerie, die mit großem Können ins Schauerliche gesteigert ist.

Fast allen genannten Mischwesen oder Mosaikchimären ist gemeinsam, daß sie kaum lebensfähig wären, und daß sie auch – könnte man derartiges chirurgisch zusammenbauen – kaum Bestand und Funktion hätten. Nur einige «Gedankenexperimente»: Man stelle sich vor, wie sich ein Kentaur ernähren soll! Von menschlicher Nahrung? Von Heu und Hafer? Und wie müßte der Schultergürtel und die Brustmuskulatur eines Engels beschaffen sein, so daß er wirklich fliegen könnte? Wie groß müßte bei einem «ausgewachsenen» geflügelten Genius – angenommen, er wöge «nur» 55 kg – die Flügelfläche sein und wie hoch die Schlaggeschwindigkeit der Flügel, damit er sich vom Boden erheben könnte? Ganz Entsprechendes gilt für andere Mischwesen, beispielsweise Nixen, bei denen man ja die Kiemen vermißt, deren Menschenlungen jedoch auch dann unzureichend blieben, wenn man sich die Nixe kaltblütig und mit niederem Stoffwechsel vorstellen wollte.

Man kann mit Recht sagen: Solche zoologischen oder physiologischen Betrachtungen sind unangebracht und albern – eben weil alle diese Fabelwessen und insbesondere die Fabeltiere garnicht dazu geschaffen sind, Sonderformen wirklich lebender Wesen darzustellen. Sie sind und bleiben – und sollen bleiben! – Gebilde unserer Träume, unserer lustigen oder grausigen Phantasien, vergleichbar den Wolkenschlössern am fernen Horizont, und manchmal benachbart den ganz großen Sehnsüchten der Menschheit. Fabeltiere meiden die Nüchternheit der wissenschaftlich betrachtbaren Natur.

Ganz im Gegensatz hierzu stammen die Rhinogradentia gerade aus den Gedanken, die sich Wissenschaftler über Herkunft und Ausformung der Lebewesen gemacht haben. Sie sind zwar Phantasie-Erzeugnisse, jedoch keine Fabeltiere. Ihre Organisation knüpft eng an Wirkliches an, und «Unmöglichkeiten» (im naturwissenschaftlichen Sinne) sind ausdrücklich vermieden. Fast nirgendwo gibt es Übertreibungen, die nicht in entsprechender Form auch in der wirklichen Natur vorkommen (s. o.) und nur manchmal sind sie absichtlich eingestreut, um auch dem Arglosen zu verdeutlichen, daß das Ganze ein scherzhaftes Planspiel ist – so das Orgelspiel von Rhinochilopus oder das gar zu menschliche Gesicht von Emunctator.

Wollte man nach einem Fabeltier suchen, das zwar nicht nach gleichem, jedoch immerhin nach ähnlichem Grundsatz zustandegekommen ist, so böte sich vielleicht hier der chinesische Drache an, der vermutlich ein Fabeltier ganz besonderer Art ist: Er ist nämlich im Gegensatz zu den meisten anderen *keine* Mosaikchimäre, sondern lediglich die ins Riesige gesteigerte Form eines kleinen, «realen» Erd- und Wassergeistes – zum mindesten hat man ihn schon so gedeutet – und diese Deutung klingt glaubhaft:

An alten chinesischen Bronze-Kultgefäßen finden sich neben anderen Tierdarstellungen auch die Abbildungen von Salamanderlarven, die man in – oft heiligen – Quellen findet. Zuweilen findet man dort auch die Larven von anderen Schwanzlurchen, und diese Larven haben genau die Merkmale, die der spätere *glückbringende* chinesische Drache auch hat: Sie haben zunächst nur Vorderbeinchen und sie haben große Kiemen rechts und links hinten am Kopf. Beides ist beim Drachen dann ins «Heraldische» gesteigert worden: Die Vorderbeine bekamen Gliederung und Klauen, die Kiemen wurden zu wild wogenden Flammenbüscheln. Dazu kam dann noch, daß Augen und Mund ins Gewaltige gesteigert wurden durch Augenbrauen und durch Zähne und Zunge. Im Grunde blieb jedoch das Ganze die Molchlarve und könnte sogar im übersteigerten Zustand noch im Wasser leben.

Ob diese Deutung wirklich stimmt, sei dahingestellt. Immerhin findet sich also in Ostasien ein Fabeltier, das an der Grenze des Fabeltierhaften in gewissem Sinne eine Verbindung zu den Rhinogradentia herstellt, die selber keine Fabeltiere sind.

6
Darwinismus oder nicht?

Eigentümlicherweise wurden die «Rhinogradentia» von zwei völlig gegensätzlichen Gruppen als «Bundesgenossen» angesehen: Die Antidarwinisten hielten das Büchlein für eine Verulkung (neo-)darwinistischer Gedankengänge. Die überzeugten Darwinisten sahen es als Planspiel im Sinne darwinistischer Deutungsweise an. Hierfür drei herausragende Namen: G. HEBERER, ein Neo-Darwinist, empfahl das Manuskript dem Gustav Fischer Verlag. P. GRASSÉ schrieb ein reizendes Vorwort zur französischen Ausgabe (S. 100). G. G. SIMPSON besprach das Buch in der Science äußerst witzig (S. 103).

Wie soll man da nun «Farbe bekennen»? Oder erübrigt sich das, weil der wissenschaftliche Scherz in Wirklichkeit vielleicht außerhalb der Auseinandersetzung bleibt? Im folgenden versuche ich die Meinung des Verfassers der Rhinogradentier nachzuzeichnen. Ihm scheint es nämlich, daß die gegensätzlichen Parteien weniger aus wissenschaftlich begründbaren und mehr aus allgemein menschlichen Überlegungen ihre Standpunkte beziehen:

Der Mensch ist seiner Anlage nach ein planendes Wesen, und seinen gelungenen Planungen verdankt er sowohl als Einzelwesen wie als Art seine unbestreitbaren Erfolge. Planung setzt Einsicht in Ursächlichkeiten voraus. Aus der Beobachtung: «Wann – dann» folgt der menschliche Schluß: «Wenn – dann». Zwei anscheinend dem Menschen innewohnende Eigentümlichkeiten verstärken diese Denkweise: 1. werden schon bei der Wahrnehmung (z. B. schon im Auge) Grenzen zwischen zwei unterschiedlichen Ereignissen oder sonstigen Gegebenheiten verstärkt und so gewissermaßen Grenzlinien gezogen und Deutliches noch deutlicher gemacht. Von mehreren, als Ursachen wahrgenommenen Gegebenheiten bleiben durch solche Betonung der Gegensätze (und damit der Unterdrückung «nebensächlicher» Erscheinungen) weniger oder gar nur eine übrig, von mehreren Folgen ebenso im Grenzfall nur eine. Das erleichtert den Überblick über ein an sich verwirrend vielfaches Geschehen. – 2. So gewonnene Erkenntnisse werden gerne verallgemeinert. Der Mensch hat (dieser

Satz, der hier soeben geschrieben wird, ist selbst solch eine Verallgemeinerung!) den fast zwanghaften Drang, erfolgreiche Schlüsse oder einleuchtende Erklärungen sehr weithin zu verallgemeinern. Auch diese Veranlagung fördert die Übersicht über die «Welt», die sich in den Sinnen zeigt.

Was man als «Kausalität» bezeichnet, ist das Erzeugnis solchen Vorgehens. Wiederholte, in diese Denkbilder passende Erfahrungen bestärken uns in der Vorstellung von der Gültigkeit der Beziehung zwischen Vorangegangenem und Nachfolgendem, zwischen Ur-Sache und Folge. Wir fühlen uns wohl, wenn wir die jeweils sich zeigenden Paare über- und durch-schauen und ihre Regelhaftigkeit begreifen. Wir empfinden Mißvergnügen, wenn das nicht zutrifft – und das geschieht beim Zufall.

Zufall ist zunächst nichts weiter als nicht durchschaubare Regelhaftigkeit. Da für den Menschen die Regelhaftigkeit an sich kein Selbstzweck ist, sondern im Hinblick auf seine Planungen bedeutsam, so durchkreuzt der Zufall das Planen; dies wird unsicher in seiner Wirkung. Schon der Bauer bekommt das durch das Wetter zu spüren bei seiner Feldbestellung oder Ernte. Zufall ist im allgemeinen unerwünscht und damit böse. Der Mensch strebt mit seiner Planung Ordnung an – und zwar ganz im Sinne der oben genannten zwei Eigentümlichkeiten seines Begreifens der Welt: Seine Ordnung setzt Grenzen und verstärkt Gegensätze; und seine Ordnung unterliegt möglichst einheitlichen Regeln. Hiermit betont der Mensch aber auch eine Verarmung der vorgegebenen Vielfalt und scheidet nach Möglichkeit das Unüberblickbare aus und damit auch den bösen Zufall.

In den Naturwissenschaften wird das auf die Spitze getrieben, womöglich mit den aus der Welterfahrung nackt herausgeschälten Denkformen der Mathematik, die zunächst den unüberblickbaren Zufall und die unmerklichen Übergänge nicht gelten ließ und solches erst verhältnismäßig spät nach ihren inzwischen erhärteten Regeln wieder eingeführt hat. Voraussetzung ist, streng genommen, hierbei die Wiederholbarkeit der Erfahrung, sodaß das «Wenn – dann» stets von Neuem überprüft werden kann. Einmaliges paßt hier nicht herein.

Alles Geschichtliche setzt sich zusammen aus unüberblickbar vielen Einwirkungen, die jeweils in der Zeit einmalige Gesamt-

und Teil-Lagen herstellen. Naturwissenschaftlich also eigentlich unzugänglich! Trotzdem möchte der die Geschichte Betrachtende – falls er überhaupt nicht nur aufzählt und aufschreibt, sondern auch denkt – gerne wissen, warum etwas so (und nicht anders) kam und welche Folgen es nicht nur hatte, sondern haben mußte. Falls er gewitzter ist, wird er nicht meinen: «haben mußte», sondern «haben konnte»; denn Zufälle gibt es offenbar nicht nur beim eigenen Mißerfolg des Planens, sondern hat es immer schon gegeben.

Menschliche Geschichte ist gegen solche Zufälle deshalb besonders anfällig, weil hier nicht die Gesetzmäßigkeiten der großen Zahlen gelten, sondern die Statistik der kleinen Zahlen, also der nicht berechenbare, sondern nur der allenfalls in seiner Wahrscheinlichkeit abschätzbare Zufall. Das kommt daher, daß in der menschlichen Geschichte nicht Massen gleichartiger Einheiten aufeinanderwirken, sondern große und kleine Gruppen unterschiedlicher Einzelwesen. Besonders aber gibt es hier immer wieder einzelne Schlüsselgestalten, die für Tausende oder gar Millionen anderer Menschen die Entscheidungen treffen. Beispiel aus der jüngsten Geschichte: Wie wäre sie in den letzten fünfzig Jahren verlaufen, wenn 1930 Hitler, etwa bei einem Autounfall, umgekommen wäre?

Für die Geschichte der vormenschlichen Lebewesen spielen solche Schlüsselfiguren keine solche Rolle. Man sollte also annehmen, daß hier «Gesetzmäßigkeiten», wie sie für physikalische oder chemische Gegenstände gelten, auch auf Organismen angewandt werden könnten. Indessen hat man nach solchen Regeln bislang den Ablauf der Evolution nicht befriedigend erklären können. Noch vor dreißig Jahren bewies man z. B. durch Rechnungen, daß die Generationenzahlen von Tieren oder Pflanzen nicht ausreichten, um durch Zufall genetische Verschiebungen tatsächlich beobachtbaren Ausmaßes in «Arten» hervorzubringen, sodaß sie sich über das Art-gemäße hinaus (makro-evolutorisch) veränderten. Erst später kam man dann auf den Gedanken, auch hier «Schlüsselfiguren» für entscheidende Wenden zu bemühen. Man fand sie in Kleinpopulationen, bei denen sich zufällige oder durch Auslese angereicherte Erbänderungen eher durchsetzen könnten.

Dem Zufall wurde dabei immer wieder (entsprechend Darwin) die Rolle zugeschoben, für die Auslese (nach Darwin) die mehr oder minder passenden Abänderungen zur Verfügung zu stellen. Da Zufall jedoch als böse angesehen wird, Planung aber als höchste Leistung des menschlichen Geistes, so muß der (Neo-) Darwinismus stets auf Widerstand beim «unverbildeten» Menschen stoßen, dem es einfach unwürdig erscheint, von solchen minderwertigen Geschehnissen abhängen zu sollen oder gar von ihnen hervorgebracht zu sein.

In diese Einstellung geht noch etwas für den Menschen Richtungweisendes ein: Er empfängt schon in früher Kindheit seine stärksten, sein ganzes Wesen prägenden Eindrücke. Noch ehe er scharf hierüber nachdenken kann, erfährt er, daß Zufall böse und minderwertig, kluges Planen jedoch menschenwürdig sei. Und er erfährt, daß Undurchschaubares nicht immer nur Zufall, sondern verborgene Weisheit höherer Planung sei. So wird auch später ein Mensch, der von der Wahrheit dieser früh erfahrenen Überlieferung durchdrungen ist, Erklärungen eher zugänglich sein, die den planenden Geist in seiner höchsten und erhabensten Form heranziehen, als solchen, die nur sehr bedingt gültige Annäherungsversuche an die Wahrheit nennen, bei denen der Zufall neben anderen Grundsätzen eine so große Bedeutung zu haben scheint.

Welche dieser beiden Grundeinstellungen für das «Selbstverständnis des Menschen» passender und heilsamer sei, soll hier gar nicht entschieden werden, ebenso wenig wie die Frage, ob es zweierlei Zufall gibt, einen «echten» und einen «unechten». Man hat in den letzten Jahrzehnten diese Unterscheidung häufig gemacht: Man sagte, der meiste Zufall sei vielleicht gar kein echter Zufall (also außerhalb des ursächlichen Geschehens stehend), sondern nichts weiter als unser Urteil, daß wir die Fülle der Ursachen und Folgen nicht überblicken können. «Echter» also «a-causaler» Zufall käme indessen im Bereich der Elementarteilchen vor. Aber auch hier – so besinnt man sich – könnte es so sein, daß wir die Ursachen der scheinbaren Zufälligkeiten nicht erkennen können, obwohl sie durchaus dasein mögen. Falls das so ist, so würden wir in einer durchaus vorbestimmten Welt leben, in der also alles «determiniert» abläuft.

Nun ist es fast belustigend zu sehen, daß sich die Menschen einerseits dagegen sträuben, dem Zufall, andererseits aber auch dagegen, einer völligen Vorbestimmung ausgeliefert zu sein. Sie wollen ihr Dasein planbar sehen und ihre Entscheidungen frei. Sich so zu verhalten, «als ob» freie Entscheidung für uns zuträfe, obwohl Zufall und/oder Vorbestimmung uns gängeln, wäre hieraus zwar ein brauchbarer Ausweg. Aber für die meisten unter uns scheint doch das Gefühl quälend zu sein, nur noch Theater zu spielen, obwohl man das dort aufgeführte Stück durchschaut und nicht glaubt.

Wahrscheinlich ist es für unser Gemüt, das unser Handeln letztlich doch entscheidet, überhaupt unbekömmlich, die Gegebenheiten bis zu ihren letzten Folgerungen durchdenken zu wollen. Zu den oben schon genannten zwei Grundeigentümlichkeiten unseres Geistes kommt nämlich noch eine dritte: Wir erwarten auf unsere Fragen stets eine Antwort. Bleibt sie aus der Welt «draußen» aus, dann geben wir sie uns selbst so, als ob sie von dort käme und täuschen uns somit deren Wirklichkeit vor. Das gilt für die verschiedensten Bereiche (vgl. auch S. 48 ff.).

Teilansichten eines solchen Zu-Ende-Denkens bietet nun der darwinistische Erklärungsversuch der Evolution, ein Deutungsversuch des Historischen in naturwissenschaftlichem Gewande. Auch hier bleiben Fragen offen, die der Kundige zugibt. Auch hier drängen wir, sie zu beantworten. Je nach Prägung und Veranlagung sagt das dem Einen zu, dem Anderen nicht; und dieser Andere wird sich nach anderen Deutungen umtun, die vielleicht dem menschlichen Plandenken näher liegen. Beide werden sich gegenseitig nicht verstehen. Beide werden für ihre Antworten Begründungen finden, die ihren Wünschen angemessen erscheinen.

Da das Planspiel der «Rhinogradentia» sich als Lustspiel zwischen den anschaubaren Kulissen einer uns vertrauten Welt vollzieht und nicht in deren Hintergrund, so bleibt es frei vom Zwang, sich dessen letzten Fragen zu stellen, deren Beantwortung vielleicht außerhalb menschlichen Vermögens liegt. Sowohl ein Ulk wie ein Planspiel sind also Unternehmungen, die – jede in anderer Weise und mit anderem Ernst – Unangemessenheiten unseres Denkens verdeutlichen. So steht es dem Leser und Betrachter der «Rhinogradentia» frei, sie so oder so zu werten.

7
Ein Planspiel

Spätestens seit der Mensch Tempel baute und Bewässerungs-
kanäle grub, fertigte er Pläne dafür oder hierfür an, um sich
über ihre Ausdehnung und Richtung sowie über die Maße ihrer
Einzelheiten zu verständigen und selbst im Klaren zu werden. Er
zeichnete sie in Sand oder Lehm, auf Holz oder Papier, ritzte sie
in Stein oder formte sie – als kleine Modelle – in Ton. Berühmt
gewordenes Beispiel: Die Statue des Stadtfürsten Gudea von La-
gasch in Sumerien – um 2050 v. Chr. –, die solch ein Modell in
Händen hält. Sie befindet sich im Louvre in Paris.
Jeder Plan ist eine Vereinfachung, die auf eine Ausführung
hinzielt oder diese erklären soll. Auch die Pläne der heutigen Architekten sind das; und je nach dem Ausmaß ihrer Verwirkli-
chung gehen sie mehr und mehr ins Einzelne. Schon der Verklei-
nerungsmaßstab deutet das an. Aber nicht jeder Plan zielt auf
solch greifbare Dinge wie Gebäude, Straßen, ganze Städte oder
Bewässerungssysteme. Auch sonst planen wir unser Handeln und
nicht nur dies. Wir denken auch unsere forschenden Gedanken
durch und überhaupt jedes etwas verwickeltere Tun, das wir vorhaben – in Planspielen; und den Militärs sind die Sandkasten-
spiele taktischer oder strategischer Art vertraute Begriffe.
Brettspiele – eine uralte Erfindung der Menschen – sind durch-
weg Planspiele. Das bestdurchforschte: Das Schachspiel, in dem
der Spieler die beiden Erkenntnismechanismen bewußt einsetzt,
die dem Menschen zur Verfügung stehen: Das digitale Entweder-
Oder-Denken ebenso wie das gestalthafte Überblicken einer Ge-
samtlage.
In den letzten Jahrzehnten haben Mathematiker mehr und
mehr solch modellhaftes Spielen für sich entdeckt und aus ihm
die höheren Leistungen der heutigen Großrechner entwickelt, die
nun das Angehen von Fragen erlauben, denen man früher kaum
beikam. Man kann sie nun auch dort «durchspielen», wo unser
begrenztes Gedächtnis und unsere eingeengte und doch so ablenk-
bare Aufmerksamkeit den Überblick über zu verwickelte Tatbe-
stände nicht mehr leisten können.

Planspiele dienen aber auch dazu, schwer durchsichtige Sachverhalte zu erklären. Man legt sie so an, daß das «Wesentliche» verdeutlicht, das «Nebensächliche» in den Hintergrund gerückt wird, sodaß es möglichst wenig stört. Zudem kann man – eben um zu verdeutlichen, auf was es einem ankommt – in solchem Planspiel Einzelheiten miteinander auftreten lassen und auch untereinander verbinden, die in der Wirklichkeit draußen nicht zusammen gefunden werden.

In solchem Sinne könnte man die «Rhinogradentia» als Planspiel ansehen; denn auch hier werden Möglichkeiten spielerisch «verwirklicht», die das in der «echten Natur» zwar nicht sind, jedoch – wie man annehmen möchte – nicht unwahrscheinlich wären. Beispiele hierfür vgl. S. 10 ff. Man ersieht aus ihnen, daß sich dies Spiel gar nicht so weit von der Wirklichkeit entfernt, wie das zunächst erscheint. Allerdings muß man sich hier wie bei jedem Planspiel immer im klaren bleiben, daß es nur ernstgenommen werden darf bezüglich seines Verdeutlichungs- oder gar Erklärungs-Wertes. Es bleibt stets eine Als-Ob-Realität und wird nicht mehr als eine solche, auch wenn es verblüffend weit in die Einzelheiten geht.

Das erinnert an ein Streitgespräch auf einem Zoologentag in Freiburg in den fünfziger Jahren. Hier wurde vom Statistiker und Genetiker W. Ludwig das mathematische Spiel der theoretischen Biologie vorgetragen und verteidigt. Ihm gegenüber wandte Alfred Kühn ein, daß die Biologie nicht eine Wissenschaft von den erdenklichen Möglichkeiten sei, sondern eine von den verwirklichten Möglichkeiten. Er betonte hiermit die nicht zu vernachlässigende historische Seite der Biologie und die Einmaligkeit ihrer Gegenstände. Dazu hier ein vielleicht närrisch anmutendes, jedoch nachdenklich stimmendes Beispiel: Wir können heute mit Hühnerembryonen experimentieren, nicht jedoch mit denen der Archaeopteryx und auch nicht mit denen, die ein vielleicht in weiteren 140 Millionen Jahren lebender Vogel in seinen Eiern erbrütet.

Streng genommen, darf man also biologische Planspiele nur sehr viel weniger ernst nehmen als solche kultureller Art; denn dem Plan des Architekten folgt vielleicht das von ihm entworfene Haus, das biologische Planspiel hat nur ausnahmsweise solche Folgen, wenn man hier nicht etwa die Rolle des Tierexperiments in der Humanmedizin so wertet oder das Durchspielen genetischer Möglichkeiten, die ja nicht erst in molekulargenetischen Neukonstruktionen, sondern schon in der klassischen Züchtung Verwirklichungsmöglichkeiten haben. Im vorliegenden Fall handelt es sich jedoch um ein evolutorisches Planspiel. Die hierbei auftretenden Zeit-Dimensionen, Populationsgrößen und ökologischen Komplikationsgrade liegen fraglos jenseits solcher Verwirklichungsmöglichkeiten der soeben genannten Art. Was taugt dann solch Planspiel trotzdem?

Bei den «Rhinogradentia» liegt gewissermaßen eine Verdichtung vor: An einem einzigen Grundmuster wird vieles von dem abgehandelt und abgewandelt, das sich in Wirklichkeit recht verstreut im Tierreich vorfindet. Es ist also im wesentlichen didaktisch ausgerichtet und auch so einsetzbar. Das soll kurz an einigen Beispielen, wie sie der Reihe nach in dem Büchlein aufscheinen, erläutert werden:

Auf Rh S. 6 findet sich die Abbildung eines Nasobem-Embryos mit vervierfachter Nasen-Anlage. Er könnte dazu verleiten anzunehmen, die Vervielfachung der Nasen bei den «Polyrrhinen» sei eben «nur» eine Mehrfachbildung, wie sie pathologisch nicht selten sind. Man kennt Überzähligkeit von Fingern und Zehen beim Menschen, vier statt zwei Vorderbeine bei Kühen, vier statt zwei Beinen bei Hühnern, überzählige Fühler, Scheren oder Beine bei Arthropoden, Schafrassen mit vier statt zwei Hörnern. Man kann solche Mehrfachbildungen auch künstlich erzeugen, beispielsweise bei Molchen, denen man ein Ärmchen abschneidet, worauf aus dem Stumpf eine «Regenerationsknospe» wächst, aus der sich nach einiger Zeit wieder Arm und Hand differenzieren, so daß der Molch wieder – wie vorher – ein funktionstüchtiges Vorderglied bekommt. Spaltet man nun die sprossende Regenerationsknospe, dann kann es geschehen, daß sich aus jedem Spaltstück – je nach der Tiefe des Spaltes – ein Unterarm oder eine Hand entwickelt oder auch nur überzählige Finger, so daß z. B. eine Hand mit acht statt vier Fingern entsteht. Es hat sich indessen gezeigt, daß solche «Doppelmißbildungen» gewöhnlich identisch innerviert werden und damit auch alle ihre Bewegungen synchron ausführen. Ganz entsprechend kann ein Mensch mit sechs statt fünf Fingern an der Hand nicht vielseitiger Klavier spielen als ein normal fünffingeriger. In manchen Naturbefunden (oder experimentell erzeugten solchen Vielfachbildungen) befindet sich auch nur eine unvollkommene Innervierung und im weiteren Verlauf des Wachstums verkümmern sie auch. Dies ist auch schon in Rh S. 54 angedeutet worden. Dort wurde also auch schon darauf hingewiesen, daß eine einfache Mehrfachbildung eine funktionstüchtige Polyrrhinie nicht erklären könne.

Allerdings gibt es im Tierreich doch in den verschiedensten Stämmen bedeutsame Mehrfachbildungen, deren Herkunft und Funktion betrachtenswert sind: Beispiel: Seesterne pflegen fünf Arme zu haben entsprechend der Fünffach-Symmetrie der Stachelhäuter. Es gibt jedoch Arten unterschiedlichen Verwandtschaftsgrades, die mehr als fünf Arme aufweisen und während ihres Individuallebens sogar noch laufend weitere hervorsprossen lassen. Allerdings ist gerade die nervöse Koordination der Seesterne durchaus anders als etwa die der menschlichen Hand. Jeder Seesternarm ist weitgehend eine Reflex- oder Aktions-Republik für sich; die einzelnen Arme des ganzen Tieres sind nur locker miteinander koordiniert. Für das Gesamttier spielt es also kaum eine Rolle, wieviele Arme sich an seiner Gesamtbewegung beteiligen, vorausgesetzt, diese wird nicht mechanisch durch zu viele oder zu wenige Arme behindert. Eine weitere Form der Vervielfachung, die tatsächlich bei Tieren vorkommt, ist die Gliedfolge der Gliedertiere und der Plattwürmer. Auch hier erhält jedes Glied für sich «eine komplette nervöse Garnitur», und die einzelnen Glieder bewahren hierdurch jedes für sich eine verhältnismäßig große Selbständigkeit. Ihr Zusammenschluß zu gemeinsamer Funktion wird in ursprünglichen Fällen durch ziemlich einfache «Schaltungen» erreicht, deren «Erfindung» keine allzu großen Anforderungen an die Programme stellt, die das Ganze aufbauen.

Allerdings können wir heute nicht mehr so großzügig und unbefangen über alle diese Vorgänge urteilen, die zur «fertigen Gestalt» von Tieren führen. Zu Haeckels Zeiten erschien das noch einfacher. Damals sprach man noch von den Potenzen, die im «Klümpchen Protoplasma» steckten und nur realisiert zu werden brauchten. Heute fordert man erheblich mehr an Einsicht in die Teilvorgänge – vom Zusammenspiel der Gene über die unzähligen Querverbindungen der biochemischen Vorgänge bis zur sichtbaren Gestalt und deren Funktionen.

Das gilt auch für die «Mehrfachnasigkeit», für deren Funktionieren also nicht die schlichte Aufspaltung der Nasenanlagen in mehrere ausreicht, sondern die Vervielfachung des zugehörigen zentralnervösen Mechanismus zu fordern wäre. So bleibt die «Polyrrhinie» (deren wissenschaftlicher Name sich so schön macht und der Erscheinung Gesichertheit andichtet) der fragwürdigste Punkt des ganzen Planspiels.

Demgegenüber ist die dem arglosen Betrachter so abenteuerlich vorkommende Grundeigenschaft der Rhinogradentier – nämlich, daß sie fast alle sich auf der oder den Nasen fortbewegen – durchaus nicht so absonderlich. Ebenso steht es mit der hierdurch sich ergebenden weitgehenden Verkümmerung der paarigen Gliedmaßen oder ihrer Umbildung zu reinen Greiforganen.

In unserem diesbezüglichen Urteil erliegen wir der Gewöhnung, wobei wir gar nicht merken, wie seltsame «Umfunktionierungen» und «Umkonstruktionen» im Tierreich allenthalben vorkommen. Ein Beispiel hierfür wurde schon auf S. 16 ausgeführt und soll nochmals betrachtet werden: Ursprünglich sind die Chordatiere beinlose Wesen, die sich durch Schlängeln ihres Rumpfes und/oder Schwanzes fortbewegen. Später bekamen sie unpaare und paarige Flossen, die das unterstützten und auch das Steuern erleichterten. Aus den paarigen Flossen der Fische entwickelten sich sodann die schreit- und lauffähigen Beine mit ihren verbreiterten Enden, den Händen und Füßen. Mehr und mehr wurde die Aufgabe der Fortbewegung vom Rumpf an diese Gliedmaßen übertragen. Man kann das schön verfolgen – von den Lurchen und Kriechtieren zu den Vögeln und Säugetieren. Die Körperschlängelung unterblieb bei vielen Wirbeltieren schließlich ganz. Beim ausgebildeten Frosch wird nichts mehr geschlängelt, und der Vogelrumpf ist eine starre Büchse. Bei uns Menschen erinnert nur noch das «schränkende» Armpendeln, wenn wir gehen, an die ursprüngliche Körperschlängelung. Aus den Gehflächen der Hände und Füße entstanden bei manchen Tieren Greifwerkzeuge. Noch beim Schimpansen sind Hände und Füße im wesentlichen Greifzangen. Aber der Mensch kann mit seinen fünf unabhängig beweglichen Fingern schließlich Klavier, Geige oder Flöte spielen. Man vergleiche nochmals Beginn und Endstadium dieser Reihe! Die Abwandlung der Nase zwischen Archirrhinos und Hopsorrhinus ist nicht abenteuerlicher als die Herkunft der menschlichen Hand!

Daß ortsbewegliche Tiere wieder ortsfest werden, finden wir in den verschiedensten Tierstämmen und braucht Zoologen nicht besonders ins Gedächtnis gerufen zu werden. Sogar bei Wirbeltieren gibt es das, und zwar bei den Röhrenaalen (Gattung *Gorgasia*): Diese zierlichen Fischlein, die wie Spazierstöcke aus dem Sedimentboden tropischer Meere hochzustehen scheinen, haschen aus dieser Stellung heraus Plankton und verschwinden bei Gefahr schleunigst in ihre Röhre – Schwanz voran.

Dulcicauda oder *Orchidiopsis* wären also auch nicht ohne Vorbilder, zumal es in den verschiedensten Tiergruppen auch Arten gibt, die mit – oft ganz raffinierten – Ködern ihre Beute anlokken. Man denke an die Geierschildkröte, an deren Zunge ein lebhaft beweglicher, wurmförmiger Zipfel sitzt, den die im übrigen gut getarnte Schildkröte bei weit geöffnetem Mund spielen läßt. Bei Fischen, die diesen «Wurm» haschen wollen, schnappt der Hakenschnabelmund zu. Manche Welse machen es ähnlich, nun nicht mit der Zunge, sondern mit wurmförmig sich windenden Barteln. Wieder andere Räuber locken Beute nachts mit künstlichem Licht an, so etwa manche tropische Leuchtkäfer, neuseeländische Mückenlarven oder die mit Lophius verwandten Tiefsee-Anglerfische (vgl. 15). Geruchsköder verwenden zudem viele Tierweibchen zum Herbeilocken der zugehörigen Männchen; und bei pflanzlichen Geschlechtsorganen – den oft so herrlich duftenten Blüten – ist uns das ganz geläufig, daß sie die für die Befruchtung nötigen Insekten so herbeilocken.

Der schneuzende Schniefling ist ein weiteres Beispiel, das uns zwar wegen seiner menschenähnlichen Unappetitlichkeit komisch vorkommen mag, der jedoch seine Nahrung nicht anders erwirbt als das eine ganze Reihe von Tieren aus den unterschiedlichsten Tierstämmen tun: Sein nächstliegendes Vorbild sind die Wurmschnecken (aus der Verwandtschaft von *Vermetus*); sie sind nur in früher Jugend ortsbeweglich, später liegen sie in kleinen Gesteinsspalten oder lassen sich teilweise von Korallenkalk umwachsen. Ihr anfangs hübsch schraubenförmiges Gehäuse nimmt dementsprechend ganz unregelmäßige «wurmartige» Röhrenform an. Diese Schnecken stoßen nun lange Schleimfäden aus, an denen allerlei Kleingetier hängen bleibt, und die sie nach einiger Zeit einziehen und auffressen. Ganz entsprechendes kann man manchmal bei Kreuzspinnen beobachten, die ihr Netz in unmittelbarer Gewässernähe gesponnen haben. In ihm bleiben – vor allem nachts – oft Hunderte kleinster Mücken hängen. In solchem Falle kümmert sich die Spinne nicht um die einzelne Beute, sondern spinnt abends in der Dämmerung ein Netz und frißt es morgens samt Mückchen auf. Aber auch sonst gibt es viele Tiere, die Beute mit klebrigen Ausscheidungen leimen und dann verzehren.

Die «*Hypogaeonasiden*» stellen ein paar sonderbare Abwandlungen vor, die ebenfalls Vorbilder in der wirklichen Natur haben: *Rhinotaenia asymmetrica* weist mit ihrer rechts und links unterschiedlich ausgebildeten Nase auf die Frage nach der Bedeutung der Symmetrie im Tierreich hin. Symmetrie erscheint uns hier selbstverständlich, obwohl ihr Zustandekommen das keinesfalls ist. Asymmetrie fällt uns auf, weil sie entweder funktionsbedingt verständlich ist – wie etwa beim Kreuzschnabel – oder sich aus einer Funktionslosigkeit ergibt – wie bei der Auster.

Rhinotaenia tridacnae soll das uns als «Entartung» erscheinende Aufgeben entbehrlicher Gefügeteile bei Binnenschmarotzern zeigen.

Rhinostentor ist – fast phantasielos – Daphnia nachempfunden, wiederum unter Annahme verhältnismäßig geringfügiger körperlicher Abwandlungen, die durchaus im Bereich auch sonst vorkommender Abänderungen liegen.

Bei *Rhinostentor foetidus* wird schließlich ein symbiontisches System mit mehreren Teilhabern angeboten, wobei sich auch – wie in der Natur draußen – zusätzliche Nutznießer einstellen.

Bei den Rhinotalpiden erinnert die Fortbewegungsweise zunächst an die der Eichelwürmer, die hierzu auch Pate gestanden haben. Sodann wird versucht zu zeigen, wohin eine sehr weitgetriebene Verzwergung führen könnte. Zwei Vorbilder schwebten dem Verfasser hier vor: Einmal die sogenannten Mesozoen, von denen man immer wieder vermutet, sie könnten aufs äußerste vereinfachte schmarotzende Plattwürmer sein. Dann spielen hier auch die Gedankengänge REMANE's hinein, dem es sehr verständlicherweise auffiel, daß manche Turbellarien solch verwickelt gebaute Geschlechtsorgane aufweisen, die so gar nicht zu ihrer übrigen «Primitivität» zu passen scheinen. So hielt er es für möglich, daß die Turbellarien in Wahrheit gar nicht «primitiv» seien, und er vermutete, daß diese Tiere mit ihrer unkenntlichen, vielleicht aber sekundär zugewachsenen Leibeshöhle und ihrer Spiralfurchung Vorfahren der Artikulaten nahestünden, sozusagen vereinfachte Ur-Artikulaten, die lediglich in mehreren Linien den verwickelten Geschlechtsapparat mit der – sicher abgeleiteten! – inneren Befruchtung bewahrt hätten.

Wie für die Mezozoen fehlten zur Zeit der Abfassung des Textes – also um 1960 – noch genauere Ergebnisse zytologischer Art – lichtmikroskopisch oder ultramikroskopisch –, ob solche Vermutungen bekräftigt oder verworfen werden könnten. Das gleiche gilt für biochemische oder cytogenetische Hinweise. Allerdings war es eine gewisse Frechheit, ein zweifellos wie ein triclades Turbellar aussehendes Wesen als *«Remanonasus»* zum Endglied der rhinotalpiden Verzwergungsreihe einzusetzen. (vgl. S. 103) Frech nun nicht wegen der Benennung, die sowohl im Sinne der Fußnote 27, Rh S. 30 abgeleitet sein kann wie auch von REMANE's Nase, sondern wegen der Merkmalsarmut, die das Tierchen bietet. Aber gerade dies sollte ja andeuten, daß in solchen Grenzfällen die klassischen morphologischen Betrachtungen für Entscheidungen nicht mehr ausreichen. Im übrigen weiß jeder Morphologe sehr wohl – und REMANE wußte das natürlich erst recht –, daß morphologische und phylogenetische Reihen nicht ohne weiteres gleichgesetzt werden dürfen. Sie können identisch sein – aber sie müssen nicht, zumal Konvergenzen mehr als einmal in der Geschichte der Systematik (und damit der Evolutionslehre) erst recht spät als solche erkannt worden sind. Man denke doch daran, daß die Hasentiere noch bis vor wenigen Jahrzehnten zu den Rodentiern gestellt wurden, und daß sogar ein Madagassischer Halbaffe, das Fingertier, zunächst als Nagetier galt. Ganz ähnlich ging es mit den Alt- und Neuweltgeiern, von denen man nun weiß, daß sie gar nicht miteinander verwandt sind.

Was man überhaupt von phylogenetischen Reihen zu halten

habe, ist von verschiedenen Seiten und aus unterschiedlichen Gründen von Zeit zu Zeit immer wieder in Zweifel gezogen worden, ob zu Recht läßt sich nur für den Einzelfall beantworten; allgemeinere Zweifel stammen zuweilen aus weltanschaulichen Voreingenommenheiten oder von überspitzten formallogischen Denkansätzen. Daß die Diskussion hierüber jedoch in der Schwebe bleibt, ist vielleicht nützlich und schützt uns vor der Verhärtung von Lehrmeinungen.

Bei den *Hopsorhiniden* ist eine Reihe von Fragen durchexerziert, die mit Differenzierungen, Umwandlungen und Neubildungen von Skelettbildungen zusammenhängen. Am Anfang stand da ein Sprachscherz: Das Nasenbein! «Bein» wird im gegenwärtigen Deutsch fast nur noch im Sinne der Fortbewegungsgliedmaßen benutzt. Ursprünglich bedeutet «Bein» jedoch soviel wie «Knochen» (engl. bone); jedoch gewann das Wort auch in anderen germanischen Sprachen alle beide Bedeutungen (schwedisch ben). Es ist somit ein Wortwitz, daß die Nasenhopfe auf ihrem «Nasenbein» hüpfen. Die weiteren Behauptungen über die Differenzierung dieses Nasen-Beines liegen jedoch schon wieder ganz im Ausmaß in der Natur vorkommender «Umkonstruktionen» oder «Ergänzungskonstruktionen». Hierfür einige Beispiele: Bei verschiedenen (nicht näher miteinander verwandten) Flughörnchen kommen zur Verbreiterung der Schwebe-Haut entweder an der Handwurzel oder am Ellenbogen zusätzliche Knorpel- oder Knochenspangen vor. Bei der Walhand werden die einzelnen Fingerglieder-Knochen in mehrere Stücke zerlegt, so daß sie biegsam wird wie eine Fischflosse. Neueren Datums und dem Verfasser der Rhinogradentia damals noch unbekannt ist zudem die Ableitung der Vögel von kleinen Dinosauriern. Das macht nun die Ableitung des Y-förmigen «Gabelbeines» der Vögel von echten Schlüsselbeinen unwahrscheinlich; denn die zweibeinigen Dinosaurier hatten diese verloren. Zum mindesten sind sie von ihnen nicht fossil überliefert. So wird es wahrscheinlicher, daß das Gabelbein der Vögel ähnlich bindegewebiger Herkunft ist wie die Sehnenknochen, die man in Putenschenkeln findet, oder die Herzknochen oder Bacula vieler Säugetiere. Wenn man nun das erfundene Nasen-Bein der Hopsorhiniden ernst nehmen wollte, so könnte man es ableiten von einem in der Mitte geknickten Os nasale. Oder man könnte annehmen, das Os nasale sei im Nasur wiederzufinden, und Nasibia sei eine bindegewebig vorgebildete Neu-Verknöcherung. Weiter könnte man klug argumentieren: Da das *Os nasale* ein Deckknochen sei, könne man zwischen beiden Annahmen nicht entscheiden. Schließlich könnte man noch spekulieren, das Hopsorhinen-Nasenbein leite sich überhaupt nicht vom Os nasale ab, sondern vom Knorpel der Nasenkapsel, als Ersatzknochen. Da es hierfür keinen Präzedenzfall gibt, könnte man aber auch argumentieren: Da die genaue Histologie des Nasen-Bein-Nasenbeines nicht mehr auszumachen sei, so könne es sich auch um einen äußerst leistungsfähigen Kalkknorpel handeln, der sich aus der Nasenkapsel differenziert habe. Bedauerlicherweise – ja! leider! – ist das nun nicht mehr zu entscheiden; denn das hierzu nötige Untersuchungsmaterial ist mitsamt seinen Erforschern und dem ganzen Archipel untergegangen! Immerhin: Durchspielen kann man alle diese Möglichkeiten.

Der durch Darmgase aufblähbare Lassoschwanz der Nasobema-Arten weist hin auf die Bedeutung pneumatischer oder hydraulischer Mechanismen, die bei Tieren weit verbreitet sind. So geschieht die Streckung von Schmetterlings- und Fliegenrüsseln durch Lymphdruck. Das ganze Ambulakralsystem der Stachelhäuter beruht auf ähnlicher Hydraulik. Schnelle Bewegungen bei Pflanzen (z. B. *Mimosa pudica* oder Venus-Fliegenfalle) geschehen durch Turgoränderungen. Aber nicht nur der Lassoschwanz des Nasobems funktioniert nach diesem Prinzip, sondern auch seine Wandel-Nasen, die Schwellnase von *Rhinotalpa* und die Nasuli der Orgeltatzelnase. So sieht man, wie das «Pneu-Prinzip» nicht erst zu Beginn der 8oer Jahre aus der Taufe gehoben worden ist, wie uns forsche Jungforscher schon im Ernst weis machen wollten, sondern daß es schon zwanzig Jahre früher bei den Rhinogradentiern aufscheint. Allerdings hat deren Beschreiber nie behauptet, das sei eine neue Sache, sondern er hat ganz bewußt auf altbekannte Vorbilder zurückgegriffen, als er ein scherzhaftes Modell schuf.

Wie schon angedeutet, sind auch bei *Rhinochilopus* solche Kräfte am Werk, hier allerdings steigert sich das Modell absichtlich zur deutlich übertriebenen Groteske, indem dies begabte Tier

mit seinen solchermaßen einstellbaren Nasuli Bach'sche Orgelfugen blasen bzw. meckern konnte. Trotzdem steckt sogar in diesem Spaß noch ein realer Kern: Man kann bekanntlich Dompfaf-
fen (*Pyrrhula*) Volksliedweisen beibringen. Sie lernen es also,
«tonal» zu singen. Manche Papageien und Beos können das auch.
So kann man behaupten, daß es geradezu der «Pfiff» dieses
Planspiels ist, daß hier nicht wild drauflos lebensunfähige Fabelwesen erfunden wurden, sondern solche, die recht weitgehend
lebenden nachempfunden sind.

Demgegenüber sind Flügelstiere, geflügelte Genien oder Kentauren, Faune und entsprechende Mischwesen nichts weiter als
Verdichtungen (vgl. S. 27). Solche Wesen leben nur in Träumen
oder in heiterer oder erhabener Phantasie, meist Sinnbilder für
die Sehnsucht nach Schwerelosigkeit; auch Drachen und finstere
Dämonen, als deren Gegensätze, haben mit diesem Planspiel
nichts zu tun, das zwar keine Naturwesen schaffen kann, solche
jedoch unserem Verständnis näherbringt.

8
Sind die Rhinogradentia «originell»?

Aus dem auf S. 63 ff. wiedergegebenen Interview ergibt es
sich, daß STEINER ursprünglich gar nicht vor hatte, einen wissenschaftlichen Scherz über eine erfundene Säugetierordnung zu ver-
fassen. Das erste Blatt blieb durchaus im Rahmen früherer Naso-
bemdarstellungen. Dann kamen Variationen über das angeschla-
gene Thema, zunächst rein spielerisch.

Da kann man nun fragen, was hieran Phantasie und was nüchterne Konstruktion sei. Allerdings kann man hier nun gleich
grundsätzlich werden und weiterfragen: Wo sind überhaupt die
Grenzen zwischen beidem. Gehört nicht zu jeder Konstruktion
Phantasie? Und ist nicht auch alles Phantastische konstruiert, sofern es nicht wirre Fieberträume widerspiegelt? Da wir das Un-

bewußte nicht «hinterfragen» können, sondern uns bei solchen Versuchen schnell im Nebelhaften verirren, begnügen wir uns dann meist mit dem Wort «Intuition», einer Leerformel dafür, daß wir nicht angeben können, woher solch ein Einfall kommt. Sogar Mathematiker und Physiker, die wir als scharfe Denker bewundern, geben zu, daß manche ihrer Befunde und erst recht ihre Axiome nicht weiter logisch begründbar seien, sondern manche Anstöße oder Entscheidungen entweder intuitiv kamen, die «Ur-Erfahrungen» sowieso unhinterfragbare Voraussetzungen ihres Denkens seien, das ja gleichermaßen analytisch wie konstruktiv angesetzt werden kann.

Hiermit hängt nun auch die Frage der «Originalität» zusammen. Sprachlich bedeutet originell nur, daß etwas ursprünglich, erstmalig sei, was an sich noch kein Werturteil wäre, wenn nicht das Neugierwesen «Mensch» sich immer und immer wieder vom Neuen angezogen und gefesselt fühlte. Wir kennen das aus dem täglichen Dasein: NEU ist ein in Reklame und Propaganda sehr wirksames Lockwort. Ebenso ORIGINELL: denn auch es braucht im übrigen keine erstrebenswerte sonstige Qualität hinter sich zu haben. Vor allem gilt das für solche Geisteserzeugnisse, die sich einer objektiven Prüfung entziehen. Zwar schätzen wir an einem Kraftwagenmotor mehr, daß er zuverlässig arbeitet, als daß er originell sei; Bilder, Musikstücke oder schöne Literatur werden jedoch meist gerade mit dem Hinweis an den Mann gebracht, sie seien originell; bei Kleidermoden steht es ähnlich.

Es hat allerdings viele Generationen lang dauernde Kultur-Epochen gegeben, in denen das Originelle nicht allzuviel galt. Man schätzte damals eher das Bewährte und richtete sich dementsprechend nach anerkannten Vorbildern. Indem man ihnen nacheiferte, entstand aus dem Einfallsreichtum des Nachahmenden zuweilen etwas Besonderes. Das fügte sich zwar in den überkommenen Rahmen, konnte ihn jedoch vielleicht erweitern und seinen Inhalt bereichern. Die meisten großen Meister der Vergangenheit begannen – soweit wir das verfolgen können – als Nachahmer. Sie suchten nicht, um jeden Preis als originell aufzufallen, sondern entwickelten Vorgegebenes auf ihre besondere Weise – man könnte fast sagen: behutsam – weiter. Offensichtliche «Brüche», die als «originell» bewertet werden, sind dort selten und so unwahrscheinlich, daß man beispielsweise bei EL GRECO schon vermutete (und noch vermutet), daß zum mindesten seine Farbgebungen gar nicht als Neuerung gedacht waren, sondern aus einer Rot-Grün-Schwäche zu erklären seien. (Er würde hiermit nicht einzeln dastehen; denn auch der romantische Maler Kügelgen war rot-grün-blind). Gerade die Zügelung neuer Einfälle bei großem handwerklichem Können nötigt uns im allgemeinen Bewunderung ab: und das Neue kommt aus solcher Fülle des Geistes und des Könnens wachsend und sich entfaltend. Es gilt fast als Geschäft der Kunstwissenschaftler, dies Wachstum und seine Wurzeln aufzuzeigen.

Das genialische Getue ist recht neuen Datums, beginnend mit der Sturm- und Drang-Zeit des 18. Jahrhunderts und dem Genie-Kult des 19., wobei man fast komischerweise oft die eigentlichen Neuerer nur als «Vorläufer» gelten läßt, deren Nachahmer aber als die «eigentlichen Vollender» bezeichnet. So geht es beispielsweise mit TURNER, BLECHEN und COROT, denen man gnädig solch Vorläufertum zubilligt. Wenn ich hier den Rhinogradentia keine besondere Originalität zumesse, so gilt das – so gesehen – nicht einmal als Mängelrüge.

Abgesehen von der grundsätzlichen Fragwürdigkeit alles Originellen, kann man aber doch überlegen, in welcher Hinsicht und durch welche nähere Umstände die Rhinogradentia allenfalls als neu oder originell gelten könnten. Diese Einschätzung – das darf man ja nicht übersehen! – hat zum mindesten viel dazu beigetragen, daß sie solchen Anklang fanden. Dabei stellen wir jedoch gleich wieder fest: Das Nasobem hat MORGENSTERN erfunden, nicht STEINER! Und es wurde schon oftmals dargestellt, bevor STEINER sich seiner annahm. «Originell» wäre demnach nicht, daß er Nasobembilder zeichnete, sondern daß er das mit fast hausbackener Nüchternheit tat und nach wissenschaftlichen Grundsätzen abwandelte. Gerade die Fabelhaftigkeit des Gebildes mangelt also seinen Zeichnungen.

Frühere wie spätere Nasobemdarsteller strebten nämlich – sofern sie nicht im Stümperhaften steckenblieben – nach künstlerischem Rang bei ihren Bildern. Sie suchten, der skurrilen Verschrobenheit (mit ihren hintergründigen Wahrheiten), die aus MORGENSTERNS Versen leuchtet, gerecht zu werden und deren märchenhafte Unwirklichkeit auszudrücken – oft «Surrealisti-sches» vorwegnehmend (oder imitierend). Manche solche Naso-bemdarstellungen sind auch einfach ins Nur-Dekorative abge-sunken; in jedem Falle stehen sie in ihrer traumhaften Phanta-stischkeit den Fabeltieren (vgl. S. 24 ff.) nahe oder können als solche gewertet werden.

Das «Originelle» – wenn man diesen Ausdruck hier überhaupt gelten lassen will – besteht bei den aus dem Nasobem entwickel-ten Rhinogradentiern eben gerade darin, daß auf Fabelhaftigkeit verzichtet und überhaupt die Phantasie stark gezügelt wurde. Schon die unoriginelle Bezeichnung zeigt das. (vgl. S. 80) Hier wird also kein eigentlich neuer Einfall, sondern eine systemati-sche sprachliche Abwandlung geboten. Im übrigen kam der Ge-danke, eine ganze pseudowissenschaftliche Abhandlung zu schreiben, nicht als «genialer Einfall», sondern, wie das Inter-view zeigt, allmählich und aus verschiedenen äußerlichen An-lässen. Als STEINER schließlich auf dies Gleis geschoben war, fuhr er auf ihm weiter, und das Originelle oder Kreative dabei ergab sich wie von selbst dadurch, daß er Zoologie gelernt und Zeich-nen geübt hatte und nun beides vereinte. Das wäre gewisserma-ßen ein eher bescheidener Sonderfall des CHARDIN'schen Prin-zips: Créer c'est unir = Erfinden heißt Vereinigen.

9
Das wissenschaftliche Wunschbild

Gewiß ist fast allen Abbildungen des Büchleins gemeinsam, daß die dort dargestellten Tiere «lieb» aussehen. Bewußt erscheinen sie dem «Kindchenschema» angepaßt zu sein: Kurze Köpfe, große, «unschuldig blickende» Augen, menschenähnliche Schmoll-mündchen. Nur Tyrannonasus blickt grimm, und Emunctator hat die Miene eines unrasierten Herrn. Selbst die beiden Tier-chen auf der linken Seite der Textabbildung Rh S. 8 erregen noch in ihrer fast kindchenhaften Unbeholfenheit unser Mitgefühl. Bei dem traurigen Spiritus-Exemplar eines Embryos (Rh Abb. 12) könnte man Mitleid bekommen, daß dieser so früh sterben mußte. Insofern sind also alle diese Illustrationen bewußt «unseriös» und fern kühler wissenschaftlicher Distanz.

Andererseits stehen sie doch den «echten» wissenschaftlichen Illustrationen sehr nah; denn ihnen ist gemeinsam mit diesen, daß sie dem Wunsch eines jeden Morphologen nahe kommen oder gar entsprechen, der seinen Zuhörern, Lesern oder sonstwie «Information Übernehmenden» gerne etwas in sich Geschlossenes und Glaubhaftes anbieten möchte. Auch früher schon, noch ehe eine hochentwickelte Fotografie ans Märchenhafte grenzende Naturdokumente zuließ, versuchten Wissenschaftler und ihre Zeichenknechte in Illustrationen ihren Lesern Glaubhaftes, Lebenswahres, Vollkommenes zu sehen zu geben.

Schon in mittelalterlichen Kräuterbüchern und Bestiarien wird der – manchmal groteske – Versuch gemacht, den Text durch Illustration zu würzen, um ihm so Glaubwürdigkeit und Ansehnlichkeit zu verschaffen. Damals wimmelten in solchen Bü-

Abb. 3. Wüstenspringmaus *(Jaculus)*, Kupferstich aus BUFFON's Naturgeschichte, deutsche Übersetzung von 1838.

LE TARSIER

Ordre des Quadrumanes. Famille des Makis.
Genre Tarsier. (Cuvier)

Der Tarsier

Abb. 4. Koboldmaki (*Tarsius*), ebendaher.

chern «echte» Tiere und phantastische Fabelwesen munter durcheinander, wobei die «echten» Naturwesen sich im Bild zuweilen
als – wörtlich zu nehmen! – durchaus literarische Gebilde erwei-
sen, zum Beispiel, wenn das Flußpferd, der Hippopotamus,
wörtlich genommen wird als Pferd mit der Andeutung eines
Flusses. So im *Hortus sanitatis* von 1491.

Aber bis in die Neuzeit ging das in vergleichbarer Weise weiter: Die frühen Auflagen von BUFFONS Naturgeschichte und sogar noch späte deutsche Übersetzungen zeigen als «lebendig» dar-
gestellte Säugetiere, die man unschwer als «in die Landschaft gestellte» dürftige Museumsbalgpräparate erkennt (Abb. 3 u. 4).
Sogar noch in HESSE-DOFLEIN's seinerzeit berühmtem und in seiner Art auch noch heute vortrefflichem Werk «Tierbau und Tier-
leben», das 1910 erschien, findet man neben Seite 378 die Farb-

tafel IV. Auf ihr jagen zwei schlechterhaltene Museumsexemplare von Wüstenfüchsen, mit geschrumpelten Ohren und herausquellenden Augen, verdorrten Beinen und struppigem Fell, im Mondenschein ebensolche Wüstenspringmäuse. Dies alles in der fast rührenden Absicht gebracht, «Leben» vorzuführen. Wer ältere illustrierte Zoologiebücher durchblättert, wird viel Vergleichbares finden.

Aber das ist lediglich ein Sonderfall des viel allgemeineren Bestrebens, «geistig Erschautes» leibhaftig an den Mann zu bringen.

Hierzu einige grundsätzliche Bemerkungen: Unsere Sinne melden uns von unserer Umgebung stets nur Ausschnitte, deren Bewußtwerden unsere Umwelt bedeuten. Wir sind sogar befähigt, aus oft dürftigen Teil-Wahrnehmungen uns ein «vollständiges» Bild zu ergänzen. Je reicher unsere Erfahrung, desto vollkommener die Ergänzungen. Hierfür arbeitet offenbar ein sehr lebhafter Drang in uns, der in Grenzfällen und bei unzureichender Unterrichtetheit in seinem Eifer auch Unzutreffendes ergänzt. (vgl. Abb. 5) Wer beispielsweise die Geschichte der paläontologischen Abbildungen vornimmt und sieht, was wie früher (und z. T. auch noch jetzt) rekonstruiert wurde, wird leicht an das eben erwähnte Bild mit den Wüstenfüchsen erinnert. Dies um so mehr, als die Bruchstücke – hier wörtlich zu nehmen! – die zum Ganzen aufgewertet werden, gerade bei Versteinerungen meist recht dürftig sind. Der seltene Fall, daß ein «komplettes» Säugerskelett in ursprünglichem Zusammenhang und in «lebenswahrer» Lage erhalten ist, gehört zu den Sternstunden der rekonstruierenden Paläontologen; und auch dann müssen sie sich fast stets noch darum bemühen, die zugehörigen Weichteile «naturwahr» oder «lebenswahr» um die schieren Knochen herumzudenken und das Ganze so zurechtzurücken, daß etwas Glaubhaftes herauskommt. Analogien helfen hier weiter; aber die «richtige» Wahl der Analogien erfordert viel Erfahrung, sowohl bei der Zusammensetzung der realen Funde wie bezüglich der zutreffenden Vergleichs-Wesen, die heute noch leben. Trotzdem «kann man's nicht lassen», aus bruchstückhaften Funden etwas lebensfähig Erscheinendes zusammenzusetzen, obwohl selbst der kühn Rekonstruierende sich meist sehr wohl der Fragwürdigkeit seines Unterfangens bewußt ist.

Das ist eben nicht nur ein paläontologisches Problem, sondern ein allgemein menschliches. Ob es sich nun um historische Romane oder historisierende Genrebilder handelt oder um den Versuch, aus stets bruchstückhaften experimentellen Ergebnissen ein Gesamtbild einer Erscheinung zu zeichnen, immer steckt hinter dem allem das im täglichen Dasein so erfolgreiche Prinzip der gedanklichen Ergänzung lückenhafter Information. Sogar in dem

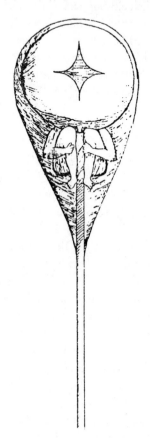

Abb. 5. «Kopf» der menschlichen Samenzelle, Kupferstich aus dem 1694 veröffentlichten Buch von HARTSOEKER. Damals lag dieser Gegenstand im Grenzgebiet mikroskopischen Auflösungsvermögens. Lichtbeugungs-Erscheinungen im Spermienkopf wurden – entsprechend der damals herrschenden Präformationstheorie – als winziger menschlicher Embryo «gesehen», also so, wie man das erwartete, und wie es in die Theorie paßte!

so banalen Beispiel der «Bildzeitung» zeigt sich dies: Ihr unbezweifelbarer publizistischer Erfolg beruht gerade darauf, daß dem nach «Ganzheitlichem» gierenden Leser bei jeder sensationell aufgemachten Nachricht eine runde Sache aufgetischt wird, vergleichbar dem gewaltigen Saurierbild, das – schaut man genau hin – in nicht seltenen Fällen auf den Fund einiger weniger Knochen zurückgeht, oder dem Porträt eines Halb- oder Früh-Menschen aus dem späten Tertiär, das ein flinker Sachbuchautor aus den vorsichtigeren Äußerungen eines fündigen Anthropologen «hochstilisiert» hat.

So wäre das Büchlein von den Rhinogradentiern ohne seine Abbildungen schwerlich nicht nur bei den Fachleuten so beliebt geworden, selbst wenn man seinen Text als Satire mit Hintergrund oder als Sandkastenspiel geachtet hätte. Denn das gesprochene Wort sagt zwar etwas über die Natur oder die Welt aus; was wir aber mit eigenen Augen sehen – und wäre es nur als Zeichnung oder als elektronisch erzeugtes Phantom auf dem Bildschirm –, das gilt bei uns als unmittelbare Wirklichkeit, die wir uns zudem nach den oben genannten Grundsätzen so zurechtrücken, daß sie «stimmt».

10

Der Witz und die Erwartung

Eine – fast – physiologische Betrachtung

Fast alles, was Lebewesen tun, geschieht unter Erwartung eines bestimmten Erfolges. Nur aus ihr sind auch alle sonstigen «Anpassungen» zu verstehen. Sie ist nach KONRAD LORENZ ein Grundprinzip des Lebendigen.

In höheren Tieren gibt es darum auch eine besondere Art von nervösen Schaltungen, die sicherstellen, daß das zentrale Nervensystem erfährt, ob die «Befehle», die es z. B. den Muskeln gibt, erwartungsgemäß ausgeführt werden: Der Befehl wird erst gelöscht, wenn eine passende Erfolgsmeldung zurückkommt. E. v.

Holst hat diese Koppelung als «Reafferenzprinzip» bezeichnet. Beim Menschen gibt es derartiges in verschiedenen «Schichten» der Leistungen des Zentralnervensystems: Mehr «unten» z. B. bei der Verrechnung der verschiedenen Sinnesleistungen – etwa bei einer Kopfwendung: Hier muß mindestens dreierlei zueinander stimmen, einmal die durch die Kopfwendung ausgelöste Erregung unseres Drehbeschleunigungs-Organes (Bogengänge im Innenohr). Dann das durch sie verursachte Vorbeiwandern der gesehenen Außenwelt und drittens die gleichzeitige Veränderung des Spannungszustandes unserer Halsmuskeln. Nur durch die fehlerfreie Verrechnung dieser drei Sinneseingänge ist es möglich, daß wir nicht ein verwirrendes Durcheinander erleben, sondern das, was wir die «Konstanz der Umwelt» nennen. «Befehlen» wir also unseren Halsmuskeln: «Kopf nach rechts!», dann muß nicht nur deren dadurch veränderter (erwarteter) Spannungszustand rückgemeldet werden, sondern ebenso die erwarteten Veränderungen im Auge und in den Bogengängen. Fällt auch nur eine der drei Rückmeldungen aus, erleben wir, statt der Kopfwendung in einer ruhenden Umwelt, daß diese sich um uns dreht. Im übrigen verläuft die Verrechnung nach angeborenen, unbewußten Regeln.

Die nächsthöhere «Schicht» erleben wir, wenn wir Auto fahren: Das ist eine *erlernte* Fähigkeit. Das Fahrzeug ist – wie alle menschlichen Geräte – ein Zusatzorgan unseres Körpers und wird so eingesetzt. Zufälligerweise sind hier wieder drei unterschiedliche Verknüpfungen – nun mit unseren höheren Zentren vorhanden: Steuerrad, Gaspedal und Bremse. Sie vermitteln die «Befehle». Hierdurch bekommt der Wagen verschiedene Beschleunigungen bzw. Drehbeschleunigungen, die wir wiederum durch drei verschiedene Sinnes-Eingänge wahrnehmen: Einmal durch unser Innenohr, das Beschleunigung und Drehbeschleunigung meldet, dann durch unsere Augen, die das Vorbeigleiten der Außenwelt anzeigen, und drittens durch die verschiedenen Körpermuskeln, die durch ihre (z. T. reflektorisch gesteuerte) Spannung ebenfalls Beschleunigungen mitteilen. Grundsätzlich unterscheidet sich Befehl und erwartete Ausführung des Befehls also nicht vom ersten Beispiel mit dem Unterschied, daß die Befehle angelerntermaßen durch die oben genannten drei Geräteteile ins Technische übersetzt werden.

Bedeutsam ist für beide Beispiele – das «rein» physiologische und das «technisch verlängert» physiologische –, daß wir in beiden Fällen das Eintreten des Erwarteten stillschweigend und halb unbewußt hinnehmen, durch enttäuschte Erwartung jedoch sofort alarmiert werden – beispielsweise, wenn wir bei Glatteis vergebens steuern oder bremsen. Das dabei auftretende «Gefühl» kann alle Stärken der Befremdung erreichen, von leichter Verwunderung bis zum Schwindelgefühl, der Übelkeit oder jähem Schreck.

Im «rein» physiologischen Beispiel ergibt sich etwa dann eine Unstimmigkeit und damit leichte «Beschwingtheit», wenn (durch Alkohol) das Innenohr erregt wird, ohne daß ein entsprechender Außenreiz dies hervorgerufen hätte. Diese Beschwingtheit wird sogar als lustvoll und erheiternd empfunden, während eine stärkere derartige Störung Übelkeit hervorruft.

Im «technisch verlängerten» Beispiel erleben wir Ähnliches: Der Geschwindigkeitsrausch beim schnellen, nicht mehr völlig beherrschbaren Fahren etwa. Vor allem aber die sich besonders leicht einstellende See- (Reise-)Krankheit des Mitfahrenden, der keine «Befehle» an den Wagen gibt und nun unerwartete Beschleunigungen erlebt, die nicht zu seiner sonstigen Passivität passen. Auch das kann von lustig stimmendem Geschaukeltwerden bis zu Brechreiz führender Übelkeit alle Grade einnehmen.

Noch eine «Schicht höher» liegen Erlebnisse mehr geistiger Art. Erwartung ist hier bewußt. Erfüllte Erwartung erfreut, enttäuschte ergibt jedoch ganz ähnliche Gefühle wie bei den beiden «niedereren» Stufen, nämlich – je nach Stärke der Enttäuschung – leichtes Schwindelgefühl bis zum mit Ekel gepaarten Ärger. Bei leichter Verblüffung, beispielsweise, lächeln wir etwas verlegen, weil wir zunächst nur merken: Da stimmt etwas nicht zu dem, was wir erwartet haben. Bei schwerer Täuschung werden wir erregt, und unser Kreislauf kommt in Schwung, je nach den Begleitumständen wird uns vielleicht auch übel, oder wir werden wütend. Wie im einzelnen Erwartung getäuscht wurde, ist hier uninteressant: das Endergebnis ähnelt den zunächst besprochenen mehr «körperlichen» Sinnes-Unstimmigkeiten erstaunlich stark und könnte sogar als eines der Hauptargumente für psychosomatische Betrachtungsweisen hergeholt werden.

Hier nun sind Witz und Scherz angesiedelt. Sie lenken zunächst den «Zu-Nasführenden» auf eine falsche Fährte, so daß er etwas erwartet – das dann durch eine andere Lösung ersetzt wird. Bezeichnend wieder, daß «Witze» durchaus sowohl «körperlich» wie «intellektuell» sein können. Beispielsweise überreiche ich jemandem ein großes Eisengerät, das ich offenbar nur mit Mühe schleppe. Er erwartet einen schweren Gegenstand und spannt vorsorglich seine Muskeln schon entsprechend an und er erhält – eine Attrappe aus Styropor. Scherzfragen sind indessen intellektueller Art (verschiedener Höhenlage), ebenfalls manche Redewendungen. Etwa die nicht ganz feine Drohung eines Berliners: «Männeken! Ick hau Dir eine in die Fresse, dat Dir alle Jesichtszüje entjleisen.» Hier wirkt das Umspringen der Bedeutung «Züge» – ins Eisenbahntechnische – komisch oder witzig, weil es unerwartet kommt.

In weniger grober Weise bleibt bei den «Rhinogradentia» die Mehrdeutigkeit des Ganzen dauernd in der Schwebe: In der Form zwar ganz nach Art ernster wissenschaftlicher Abhandlungen, etwas umständlich zudem und mit Anzeichen teilweise mühsamer «Akribie». Der entsprechend erwartete, ernste Inhalt jedoch teilweise phantastisch, teilweise aber durchaus im Sinne morphologischer Forschung oder bestimmter biologischer Theorien und Hypothesen. Dabei wird immer offen gelassen, was im einzelnen Fall ernst gemeint ist und was nicht. Der Leser soll das stets von neuem selbst entscheiden. Der Text gibt ihm dabei keine Hilfe, sondern schillert dauernd zwischen Gegensätzlichem. Der Leser bleibt also einerseits dauernd verunsichert, andererseits weidet er sich an Entdeckerfreuden, die auch wieder dadurch zustandekommen, daß eine zunächst aufgeschobene Löschung der Erwartung unversehens erreicht wird.

Wiederum der Vergleich mit dem leichten Schwindelgefühl beim Schaukeln, bei einer Ski-Abfahrt, beim schnellen Motorrad- oder Autofahren, bei denen man das leichte Auseinanderfallen der verschiedenen Orientierungserfolge als leichten, angenehmen Kitzel oder Rausch empfindet – wie beim Schwips. Auf der anderen Seite je nach dem Grad des im «Witz» erreichten Auseinanderfallens der geistigen Orientierungsbemühungen Verblüffung und Heiterkeit und alle Gefühlslagen bis zum schweren Ekel. («Der Witz ist ja zum Kotzen!») Im letztgenannten Fall reagiert man

also sauer (vgl. S. 87). Deshalb wurde auch der Brief der Studienrätin abgedruckt – nicht, um sie etwa zu beschämen oder lächerlich zu machen, sondern um die Wirkungsbreite eines witzig ge-
meinten Unternehmens zu zeigen. Seine gezielten Unstimmigkeiten unterliegen der Wertung des rationalen Urteils. Je nachdem,
wie dieses ausfällt, bleibt ihr Ausmaß erträglich – also witzig –
oder es wirkt anwidernd.

Was «witzig» ist, wird also sowohl durch den Sender wie den
Empfänger bestimmt, besonders hinsichtlich der Grenze, bei der
das Erheiternde ins Abstoßende umschlägt. Hier wieder die Verwandtschaft mit der Empfänglichkeit für Seekrankheit. Wollte
man diese Gedankengänge (etwas kühn) in «physiologisierender»
Weise weiterführen, könnte man sogar behaupten, daß «Menschen mit Humor» dadurch gekennzeichnet seien, daß diese
Grenze bei ihnen sehr weit zu den starken Reizen hin verschoben
ist: Sie behalten noch bei Unstimmigkeitsgraden ihre heitere Ge-
mütslage, die weniger Humorbegabten übel machen oder sie är-
gerlich werden lassen. Als Gegenstück zum Scherzenden oder zum
«Witzbold», die als Sender solcher Unstimmigkeiten auftreten,
zeigt sich der Humorbegabte als Empfänger, der davon «viel ver-
trägt». Hiermit wird nichts ausgesagt darüber, in wieweit solcher
Sinn für Humor «angeboren» ist, und was an Erziehung oder sonstigen Einflüssen ihn begünstigen oder verkümmern lassen. Es
gibt ausgesprochen humorlose Völker und Gesellschaftsgruppen,
die nicht nur Scherze verachten und übel nehmen, sondern auch
durch Unstimmigkeiten anderer Art sofort in heftige Abwehr geraten. Auf der anderen Seite erfordert das heute so hochangese-
hene Ideal der Toleranz ein nicht geringes Maß an echtem Humor, denn nur durch diesen läßt sich die Achtung vor einer An-
dersartigkeit auf die Dauer durchhalten. Diese bringt nämlich
laufend unerwartete und der eigenen Erziehung und Wertung zu-
widerlaufende Ereignisse, also im Grunde unerwünschte Unstimmigkeiten. Nur der im obigen Sinne Humorbegabte bewältigt sie
und unterscheidet sich dadurch vom Trottel, dessen scheinbare
Toleranz aus der Unfähigkeit des Erkennens und der Unfähigkeit, sich zu wehren, entspringt.

11

Wie ernst ist die Wissenschaft?

Manche Leser äußerten, man dürfe den Ernst der Wissenschaft nicht veralbern, wie es offenbar in den «Rhinogradentia» geschehe. Wer über Religion witzelt, zeigt dadurch, daß er sie nicht ernst nimmt; wer wissenschaftliche Gepflogenheiten bespöttelt, daß er von Wissenschaft ganz allgemein nicht viel hält. So etwa meinte man. Allerdings waren ganz hervorragende Wissenschaftler durchaus nicht dieser Meinung. Nehmen wir trotzdem die Verärgerten, die «sauer reagierten» (vgl. S. 87), ernst! Vielleicht sind sie gar nicht so humorlos, wie sie erscheinen. Vielleicht haben sie wirklich gute Gründe, die man achten und beachten sollte. Es können auch völlig unterschiedliche Gründe sein, die trotzdem alle mehr oder minder zutreffen.

So könnte man den Ulk einfach auf den «Wissenschaftsbetrieb» beziehen, der oft mit großem Pathos zelebriert wird. Man könnte andererseits die «Wissenschaftsgläubigkeit» unserer Zeitgenossen damit hochnehmen, die geradezu fromm hinzunehmen bereit sind, was ihnen unter der Überschrift «Wissenschaft» angeboten wird.

Ein weiterer Angriffspunkt wäre der oft stereotype und zuweilen geschraubte Stil: Etwa in der Art, daß man nicht «essen» schreibt, sondern «Nahrung dem Verzehr zuführen», nicht «ausführen», sondern «zur Ausführung bringen», nicht «bei», sondern «anläßlich». Viele inhaltlich nicht schlechte wissenschaftliche Veröffentlichungen könnte man, ohne Schaden für ihre Verständlichkeit, auf weniger als ein Viertel ihres Umfangs kürzen. Auch heilige Kühe wie «Interdependenz» (gegenseitige Abhängigkeit), «Kreativität» (Schöpferisches) oder «akzeptieren» (dulden oder gelten lassen) könnte man schlachten. In älteren morphologischen Schriften gab es auch unweigerlich «bruchsackartige Vorstülpungen», «handschuhfingerförmige Umstülpungen», «kindskopfgroße» Blasen oder «teleskopartig» ausziehbare Glieder. Einst brauchbare Vergleiche (wie z. B. das Teleskop) kennt heute keiner mehr, wenn er nicht historische Instrumentenkunde betreibt. Aber die Vergleiche geistern in den Büchern weiter.

Näher dem Kern der Anliegen gerät man schon, wenn man die

oft Widerspruch abwehrende Begründung mancher wackeliger Thesen liest, deren gewichtige Sprache man dann noch ernst nehmen soll. Es ist ja menschlich durchaus verständlich, daß wir alle gerne Recht haben wollen; und es fällt uns schwer, auf Zweifel an unserer Meinung nicht mit Verärgerung zu antworten. Es gehört ja zur heilsamen (und schwer zu erlernenden) Denkweise des Wissenschaftlers, daß er Gegengründe wohlwollend und sachlich prüft. Es ist verständlich, daß das im naturwissenschaftlichen Bereich eher gelingt als in Wissenschaftsgebieten, in denen Meinungen und Gewichtungen weitgehend intuitiv oder sogar weltanschaulich gebunden ausgesprochen und aufgefaßt werden können, also im Ermessen des Verkünders wie des Empfängers liegen.

Als verständliche Gegenströmung gegen das Auftürmen unduldsamer Lehrmeinungen hat sich seit einigen Jahrzehnten die Mode des «Alles-in-Frage-Stellens» erhoben. «Das ist so.» oder «Das macht man so.» gilt hier nichts mehr, sondern wird «hinterfragt». Allerdings schoß man dabei vielfach übers Ziel hinaus. Besonders taten das die jüngeren Jahrgänge, denen für angemessene Beurteilung oft noch das nötige Sachwissen fehlte. Immerhin besser so als stumpfsinnige Übernahme selbstsicherer Doktrinen! Wo aber sachlich begründbare und nützliche Gegebenheiten nur zerschwätzt wurden, wem half oder hilft das?

Ein wissenschaftlicher Scherz steht – zugegebenermaßen – in gefährlicher Nähe solchen Unfugs. Er bleibt deshalb auch nur erträglich in einem genügend großen Umfeld verläßlichen Ernstes. Als schillerndes Glanzlicht erfreut er. Wenn aber das Flimmern überhand nähme, wären wir bald übel dran.

Die innersten Schichten betrifft jedoch schon Folgendes: Wer Wissenschaft betreibt, tut das meist im Ernst; und dieser ist von zweierlei Art: Einmal beschäftigt sich der Forscher mit ihn aufregend fesselnden Fragen. Zum anderen sucht er Ansehen und Stellung bzw. Geld zu erwerben. Beides ist in unserer Gesellschaft durchaus erlaubt; denn sie lebt von der Forschung, und der einzelne Mensch braucht Ansehen für seine Selbstachtung und Geld für seinen Lebensunterhalt. Zudem ist Forschung systematisierte Neugier, für den Menschen ein kreatürliches Bedürfnis, solange er geistig und seelisch gesund bleibt.

Das haben wir mit den Affen und anderen Neugierwesen gemeinsam. Unser Forschen unterscheidet sich jedoch von ähnlichem Tun unserer kleinen Verwandten durch seine beharrliche Gezieltheit. Wir «fokussieren» unsere Aufmerksamkeit sehr viel mehr als diese und engen damit unser Bewußtsein stark ein. So etwas ist immer ernst und entspricht einer überwertigen Idee. Nicht zur Sache gehörige Sinneseingänge werden dabei ebenso ausgeblendet wie beeinträchtigende andersartige Gedanken oder Gefühle. Von Fall zu Fall gelingt das unterschiedlich vollkommen. Damit hängt auch zusammen, daß Rechenautomaten in mancher Hinsicht unserem Hirn schon deshalb überlegen sind, weil sie nur das ihnen für den besonderen Zweck Einprogrammierte durchspielen, während unser Hirn durch Umweltwahrnehmungen, unpassende Gedanken und innere Aufwallungen leicht gestört wird. Der Computer ist «ernster» als unser Hirn.

Neben unserer Wortsprache und unserer Gestaltungsfähigkeit begründet (trotz dieser Einschränkungen) gerade die menschliche Fähigkeit, sich für längere Zeit auf ganz bestimmte Gedankengänge einzuengen, unsere gewaltige Überlegenheit über alle Tiere. Andererseits erwarten wir von einem gesunden Menschen, daß er sich von überwertigen Ideen lösen kann. Das gilt sogar für solche, deren Wert wir einsehen. Für Menschen, die das nicht können, haben wir entsprechende Urteile bereit: Früher lächelte man über den «zerstreuten» oder «weltfremden» Professor. Heute spricht man – etwas grober – von «Intelligenztrotteln» oder «Fachidioten». Wer seine überwertigen Ideen mit der Welt verwechselt, erscheint uns – wenn wir wohlwollend bleiben – als Sonderling, wenn wir strenger urteilen, als Narr. Wir wehren uns also auch gegen jemanden, der seine Wissenschaft zu ernst nimmt. Andererseits sind bedeutende Entdeckungen und Erfindungen gerade von Menschen errungen worden, die von ihren Vorhaben besessen waren. Sie erschienen jedenfalls ihrer menschlichen Umgebung mehr als einmal als Narren; und erst ihre außergewöhnlichen Erfolge ließen dies Urteil ändern. Das wird auch in Zukunft so bleiben.

Eine andere Seite: Von mittelalterlichen orientalischen Despoten wird berichtet, daß sie mit lebenden Schachfiguren spielten, also mit Sklaven, die als «Bauer», «Läufer» oder ‹Turm› verkleidet, nach entsprechenden Zügen geköpft wurden. Ein tod-ernstes Spiel! Im allgemeinen spielte und spielt man jedoch auf unblutigere Weise. Das gilt auch für andere Spiele. Nimmt man nach HUIZINGA andere kulturelle Tätigkeiten auch als Spiel, so äußerten diese sich auch verhältnismäßig harmlos, beispielsweise im Philosophieren, sofern dies nicht zu Revolutionen oder Überzeugungs-Kriegen führte. Auch Forschung blieb in vortechnischen Zeiten ein recht unschuldiges Tun.

Seit ungefähr 200 Jahren ändert sich das bei den Naturwissenschaften; denn ein Erfolg ihres Spieles ist, daß Menschen ihre Wünsche wahr werden lassen durch immer wirkungsvoller werdende Techniken, begonnen mit der mechanischen und thermischen über elektrische, chemische hin zur Atom- und Gen-Technik. Hier wird Wissenschaft im wahrsten Sinne tod-ernst. Von ihrer Anwendung kann Überleben oder Untergang der Menschheit und alles Lebens auf Erden abhängen. Mag Wissenschaft auch immer «nur» Gedankenspiel bleiben; ihre Ergebnisse werden sofort umgeprägt in Mittel zu herrschen. Jedes wirksame Tun ist Herrschaft unseres Willens, der sich nach außen beweist. Was vor Jahrzehntausenden oder auch noch vor Jahrzehnten Menschen an Wunschträumen erlebten, trifft nun in wirklicher Wucht durch die Technik zu, fast grenzenlos und oft tödlich. Wir alle fürchten uns vor dieser menschlichen Allmacht, auch wenn wir Optimismus heucheln.

Darf man hierbei noch Späßchen über Wissenschaft wagen – auch wenn sie nur Hypothesen und Theorien der Evolutionslehre oder publizistische Gepflogenheiten betreffen? Ist das nicht auf dem Schafott Kasperle-Theater gespielt?

Auch der Verfasser der «Rhinogradentia» kannte vermutlich diese ernsten Seiten der Wissenschaft und hatte sicher nicht vor, sie zu verniedlichen. Mit seinem Scherz blieb er jedoch im Vortechnischen und in der unmittelbar menschlichen Nähe der Wissenschaftler, die sich in harmlose Fragen vertiefen. Er fürchtete auch nicht für ihre geistige und seelische Gesundheit. Er ist ja ihresgleichen und wies gewissermaßen nur darauf hin, man könne es machen wie ein Maler: Der steht vor seiner Staffelei und malt begeistert und besessen an einem Bild. Aber von Zeit zu Zeit tritt er ein paar Schritte zurück und betrachtet es, als sei er ein fremder, zwar wohlwollender, jedoch kritischer Betrachter.

Nun kommt noch ein Gesichtspunkt: Ein geistig Gesunder handelt nie aus einem einzigen Motiv heraus, sondern immer aus einem Bündel von solchen. Das «Edelste» davon ist das lauteste, das «Unedelste» das stärkste. Auch Wissenschaftler sind Menschen: Pathos des Berufsethos, Wahrheit-Suche, Neugier, Spieltrieb, Besserwisserei, Erwerbstreben, Karrierewünsche und noch andere Motive treiben sie an. Ist es da nicht erlaubt, wenn man das ein wenig durchleuchtet? Muß man da gleich in den Verdacht geraten, «das Glänzende zu schwärzen und das Erhabne in den Staub zu ziehen»? Könnte man solch eine Ironie nicht vielmehr im Sinne zweier, teils ernster, teils burschikoser Zitate verstehen: «Mensch, werde wesentlich!» und «Mensch, bleiben Sie Mensch!»?

Dokumente

12
Die Entstehungsgeschichte der «Rhinogradentia»

*Das hier folgende Interview gab der Autor der «Rhinograden-
tia» dem Verfasser dieses Buches anläßlich seines 75-ten Geburts-
tages. Es wird ungekürzt gebracht.*

G: Herr Professor STEINER, früheren Andeutungen entnehme
ich, daß Sie zunächst gar nicht die Absicht hatten, ein Buch über
eine erfundene Säugetier-Ordnung zu schreiben. Wie kamen Sie
dann doch dazu? Ich könnte mir denken, daß mancher, der Ihr
Buch aus der Hand legt, annehmen muß, daß hier eine von vorn-
herein gezielte Parodie wissenschaftlicher Gepflogenheiten und
entsprechenden Veröffentlichungs-Stiles vorliegt.

St: Ihre erste Vermutung stimmt. Als das Manuskript 1960
dem Gustav Fischer Verlag angeboten wurde, hatte es – gewissermaßen – schon eine fünfundzwanzigjährige Geschichte hinter
sich, die keineswegs mit dem Entschluß begann: Nun schreibe und
zeichne ich eine wissenschaftliche Parodie.

G: Wie soll ich das verstehen? Haben Sie das Buch etwa nicht
auch als «Planspiel der Evolution» konzipiert, wie das vielfach
schon genannt wurde?

St: Durchaus nicht! Die ersten Anregungen kamen ganz zufällig und ganz ohne solche Gedanken oder Hintergedanken. Aber
das hier im einzelnen zu erzählen, würde wohl zu weit führen.

G: Vielleicht doch nicht! Gerade für den Fernerstehenden
könnte es reizvoll sein zu erfahren, wie sich aus Zufälligem
schließlich ein in sich geschlossenes Werk ergibt, wenn ich das einmal so nennen darf.

St: «Werk» ist etwas zu geschwollen ausgedrückt. Daß es
schließlich dazu kam, daß es in sich geschlossen und folgerichtig
aussehend wurde, mag ja sein. Trotzdem fürchte ich, daß die

ganze Geschichte etwas zu lang wird. Dann werden alle, die sie hören oder lesen, sagen: «Der Alte ist ins Schwätzen gekommen». Sie wissen ja, wie man heute alte Leute einschätzt. Zudem ist die Zeit um 1945 für die meisten Jüngeren ohnehin unverständlich, unsere damaligen Sorgen und Hoffnungen auch.

G: Meinen Sie damit, daß in den «Rhinogradentia» auch versteckte politische Anspielungen aus jener Zeit enthalten sind?

St: Keinesfalls! Nur – die Zeit damals war für uns alle etwas Neues, ohne fest eingefahrene und sanktionierte Ansichten. Das Bisherige war völlig zusammengebrochen – wie man sich auch dazu vorher oder nachher gestellt hatte. Die Zeit bestand gewissermaßen aus lauter Fragen und Hoffnungen – wenigstens für mich. Und im übrigen hungerte man. Dazu kamen dann für jeden von uns ganz handgreifliche Äußerlichkeiten – nämlich, wie man nach den tödlichen Bedrohungen des Krieges nun weiterhin am Leben blieb. Nur ein Beispiel: Ich habe im Sommer 1945 mit meinen letzten zehn Gramm Fett selbstgesuchte Schnecken gebraten. Die blieben mir mit ihrem zähen Schleim dann im Halse kleben, daß ich sie wieder auswürgte – und dann habe ich vor Hunger geweint. Mit «Spinat» aus alten Brennesseln ging es mir ein anderes mal ebenso. Als er geschmort vor mir auf dem Teller lag, stank er wie eine Zigarrenschachtel voller verdreckter Maikäfer – und ich kippte ihn ins Klo – und weinte wieder. Ein akuter Hunger ist lästig. Chronischer Hunger tut nicht so sehr weh – er macht weinerlich. Das waren damals unsere Probleme.

G: Und wie hat das Bezug zu den «Rhinogradentia»?

St: Unmittelbar natürlich keinen. Aber satt zu essen zu bekommen, war einfach herrlich. Und hiermit hängt die Geschichte der Naslinge eben doch ganz eng zusammen. Das will ich kurz erzählen: Die Amerikaner, die Ende März 1945 Darmstadt besetzten, verhängten sofort Ausgangssperre. Nur ein paar Stunden am Vormittag durfte man auf die Straße, um Lebensmittel einzukaufen – sofern man etwas erwischte. Ich lebte damals in Darmstadt.

G: Sagten Sie mir nicht neulich, Sie seien in Darmstadt ausgebombt gewesen?

St: Ja – war ich. Beim großen Angriff auf die Stadt in der Nacht vom 11. auf den 12. September 44. Ich hatte dabei Pech und Glück. Pech war, daß ich in jener Nacht als Luftschutzwart in der TH sein mußte und somit zuhause in meinem Zimmer nichts retten konnte, als das Haus bis auf den Keller herunterbrannte. Glück war, daß ich im Keller einen alten Kabinenkoffer und zwei Handkoffer stehen hatte mit einigen Kleidern und Wäsche. In dem Koffer war auch meine Schreibmaschine, ein Aquarellkasten und einige Aquarellblöcke; und der Keller brannte nicht aus! Das hat schon engen Bezug zu den Naslingen, wie Sie noch hören werden.

G: Konnte man danach überhaupt noch in Darmstadt leben? Wo wohnten Sie dann im Frühling 1945?

St: Die Außenbezirke blieben ja großenteils stehen. Mein damaliger Chef und späterer Freund, ANKEL, war schon 1943 ausgebombt worden, hatte jedoch fast alle seine Habe retten können und wohnte nun in einem Haus auf dem Steinberg in Darmstadt. Seine Familie und die meisten Möbel waren nach Oberhessen verlagert. Er hatte ein Zimmer in einer Villa bekommen, in der er sein Arbeitszimmer einrichtete mit einer Schlafstätte darin. Als die Amerikaner kamen und das Haus besetzten, in dem ich untergeschlupft war, bekam ich das danebenliegende Zimmer als Unterkunft. ANKEL besuchte damals gerade seine Familie und blieb noch Wochen lang weg. So durfte ich sein Arbeitszimmer und seine Bibliothek dort benutzen und seinen Schreibtisch auch. Auch das hat sich als wichtige Besonderheiten erwiesen.

G: Da konnten Sie also am Schreibtisch sitzen und Ihr Büchlein tippen?

St: Die Zeit hätte ich dazu gehabt; denn wir hatten ja praktisch Hausarrest. Die Hochschule war nicht nur größtenteils in Trümmern, sondern der brauchbare Rest beherbergte eine große amerikanische Armee-Sanitätsstelle. Aber zu tippen gab es nichts für mich. Dazu fehlte schon das Papier.

G: Nun bin ich doch etwas neugierig, wie sich die bisher genannten Voraussetzungen so zusammenfügen, daß sie meine eingangs gestellte Frage richtig zu beantworten beginnen. Das soll keine unhöfliche Aufforderung, zur Sache zu kommen, sein. Verstehen Sie das, bitte, nicht so!

St: Tue ich nicht. Trotzdem noch ein bißchen Kleinmalerei an den damaligen Wochen: Neben dem Garten des Hauses, wo ich untergekommen war, lag ein kleines Robinienwäldchen. Dort sangen bei dem herrlichen Frühlingswetter drei Nachtigallen. Eine davon fraß vermutlich eine Katze; dann waren es immer noch zwei – schlaftötend, sage ich Ihnen! Schon der Hunger ließ einen kaum einschlafen. Und dann noch dieser Nachtigallengesang: Immer lauerte ich, wie er wohl weitergehen würde – und immer kam es anders. An sich wundervoll, dieser Reichtum des Nachtigallenschlages! Aber eben schlaftötend. Und später im Sommer fraßen die wilden Kaninchen, die es reichlich gab, das wenige Gemüse im Garten. Wir stellten Schlingen. Aber die schlauen Tierchen fingen sich nur selten. Dann gab es Kaninchensuppe. Die meisten Gedanken drehten sich ums Essen. Und dabei das unvergleichlich schöne Wetter – und kein Fliegeralarm mehr! Und nun eben das Wesentliche hierbei: Trotz aller Armseligkeit, die ich weiter nicht beschreiben will, war man seltsam froh und «empfänglich für alles Schöne», wie das in alten Romanen oder Heiratsanzeigen so heißt. Das Schauerliche und das Beglückende war so nah beieinander. Ein bißchen satt zu essen zu bekommen, gehörte zu diesem Beglückenden ebenso wie später die Frühlingsblumen oder die schönen Chorgesänge der freigelassenen Russen, die plündernd durch die Gegend zogen. Dazwischen hörte man das irre Schreien vergewaltigter Frauen, die sich – ausgebombt – in ihre Gartenhütten einquartiert hatten .– Und an einem Vormittag, noch bei der genannten Ausgangssperre, kam eine mit mir befreundete Studentin, Toni Stirtz, aus Alsbach nach Darmstadt hereingeradelt und brachte mir Gemüse. Ich glaube, es waren Spargel. Wie sollte ich dafür danken? Sie wollte dafür ein Bildchen gezeichnet haben. Sie war Zoologin. Also etwas Zoologisches, dachte ich. Aber nichts so Ernsthaftes, sondern etwas Munteres. Da dachte ich an Morgensterns Nasobem (Wohl nicht ganz zufällig bei dem Geruchsphysiologen! K. G.); und am gleichen Nachmittag setzte ich mich schon hin an Ankels Schreibtisch, holte einen Aquarellblock und zeichnete mit Bleistift das Tierchen, samt Kind. Am nächsten Tag malte ich es mit Wasserfarben an – und dann tat es mir leid, es wegzuschenken; denn es sah so lieb aus.

G: Und das wurde dann das erste Bild der Rhinogradentia?

St: Ja und nein; denn ich wollte es nicht wegschenken und mußte doch anstandshalber. So fertigte ich, um nicht schoflig zu handeln, davon ein Doppel an. Das erste bekam bei nächster Gelegenheit die Spenderin des köstlichen Gemüses. Das zweite geriet auch nicht schlecht; und das behielt ich.

G: Und dann?

St: Und dann begann ich – gewissermaßen – Variationen über dies Thema zu komponieren – in lustigen, etwas lauten Farben. Das beschäftigte mich etliche Tage, bis ungefähr ein Dutzend vorlag. Dann kamen wieder andere Sorgen und Tätigkeiten.

G: Sie sagen, das waren Aquarelle. In Ihrem Büchlein sind es jedoch offenbar Federzeichnungen.

St: Richtig. Die kamen aber auch viele Jahre später. Zunächst verschwanden die Nasobeme in einem der nun als Mappe dienenden leeren Blöcke. Erst im Herbst 1946, als inzwischen schon wieder eine gewisse Freizügigkeit möglich war innerhalb der amerikanischen Zone, kamen sie wieder zum Vorschein – Nein – dazwischen habe ich dazu noch andere gezeichnet, manche auch wieder vernichtet.

G: Und blieben Sie dann dauernd weiter in dem größtenteils zerstörten Darmstadt? Von was lebten Sie da überhaupt, wenn die TH geschlossen war?

St: Im Juni 1945 radelte ich auf der Autobahn südwärts in die Französische Besatzungszone, wo meine Mutter in der Nähe von Rastatt in einem kleinen Dorf wohnte – hier in Freiolsheim, wo wir soeben gemütlich sitzen. Hier gab es Kartoffeln. Hier gab es Milch. Meine Mutter und ich verdienten sie uns mit Dolmetschertätigkeiten für die Nachbarn. So lebte ich einige Monate hier, und meine Mutter brachte mir das Ölmalen bei. Daneben aquarellierte ich; denn ich hatte schon Mitte des Krieges so manches, was mir lieb war, hier herauf «verlagert», wie man das nannte. Darunter Zeichen- und Aquarellpapier sowie zwei weitere Malkästen samt Pinseln.

G: Aber auch da mußten Sie doch – abgesehen vom Dolmetschen – von irgendetwas leben!

St: Inzwischen erspähte ich eine Verdienstmöglichkeit; denn in Darmstadt hatte ich mich, weil es mir dort zu hungrig war, ohne Gehalt beurlauben lassen. In den Schaufenstern der Buchhandlungen tauchten um jene Zeit immer mehr Bilder zum Verkauf auf; denn die Buchhändler hatten ja keine Bücher zu verkaufen. Wer nur einen Pinsel halten konnte, malte. «Das kann ich mindestens ebenso gut» dachte ich, malte zu meinem Vergnügen phantastische Aquarelle und verkaufte sie, teils in Heidelberg, teils in Höchst am Main, wo Amerikaner gut zahlten. Ich verlangte unverschämte Preise – allerdings in wertloser Reichsmark. Aber immerhin: Ich hatte nun mehr Geld, als ich ausgeben konnte.

G: Und die Naslinge?

St: Die ruhten weiterhin bis zum Herbst 1946, als man mich wieder zum Unterrichten nach Darmstadt holte: denn mein Chef durfte noch nicht. Von Darmstadt aus reiste ich oft nach Heidelberg, um mich von der Öde der zerstörten Stadt zu erholen. Heidelberg war ja eine heile Stadt, für mich fast wie ein Traum damals! Dort besuchte ich im Zoologischen Institut der Universität ERICH VON HOLST, der dort gerade hinberufen war nach der Wiedereröffnung der Universität. Und dort zeigte ich ihm gelegentlich meine Nasobem-Folge, wie ich das damals noch nannte. Er brachte mich dabei erst auf den Gedanken, daß ich ein Planspiel verfaßt hatte, ein Planspiel der Evolution, und er lud mich ein, hierüber einen Vortrag im Seminar zu halten.

G: Ich verstehe nicht recht: Wie konnten Sie ein solches Planspiel der Evolution entwerfen, ohne das selbst zu merken?

St: Verständliche Frage! Aber Sie müssen bedenken: Seit ich als Hilfsassistent 1931 im zoologischen Lehrbetrieb eingesetzt wurde, und erst recht später in Darmstadt, wo ich – wiederum nur als Assistent – jahrelang vertretungsweise ein Institut zu leiten hatte, mußte ich alle Sparten der Zoologie schließlich soweit kennen, daß ich sie einigermaßen ordentlich lehren konnte. Es ergab sich sozusagen von selbst, daß meine Phantasie, die nun Nasobeme entwarf, eine Zoologen-Phantasie war, also das nach den zoologischen Erkenntnissen Mögliche produzierte. Das steckte mir nun gewissermaßen so im Blut, daß ich es gar nicht mehr merkte.

G: Wie reagierten die Studenten in diesem Seminar darauf?

St: Natürlich merkten sie den Scherz sofort. Aber v. HOLST erklärte ihn ihnen ganz ernsthaft, indem er auf das Planspielhafte wiederholt bei den verschiedenen Beispielen hinwies. Er war ja ein vortrefflicher Lehrer. Zudem waren die Studenten «der ersten Generation» nach dem Kriege auch für das Ungewohnte aufgeschlossen – Menschen, die man viele Jahre gegängelt und ihnen eigene Meinungsbildung vorenthalten hatte: Erst Arbeitsdienst, dann Wehrdienst, dann Kriegsdienst, dann womöglich noch Monate der Gefangenschaft. Die verhielten sich nun fast wie Schwämme: Sie sogen begierig auf, was an Geistigem der verschiedensten Art sich bot. Sie arbeiteten ungeheuer fleißig. Sie waren sehr kritisch. Man konnte ihnen nicht das Geringste vorflunkern. Sie fragten einen respektlos aus bis auf die Knochen, wenn sie Zweifel hatten. Nicht aus einer späteren Mode, man «müsse alles in Frage stellen», sondern weil sie brennend interessiert waren. Man hatte ihnen Jahre ihrer Jugend gestohlen. Nun wollten sie nachholen, was sie versäumt hatten. Es war eine Lust, mit ihnen zusammen zu arbeiten. Und das «Planspiel» nahmen sie an, wie es ihnen v. HOLST nahelegte. Ich selber war in diesem Fall eher überrascht; ich kam mir vor – wie man so flappst – wie die Jungfrau, die zum Kinde gekommen war.

G: Wie konnten Sie im Seminar die Bilder zeigen? Litten sie nicht, wenn sie so herumgereicht wurden?

St: Nein, ich projizierte sie. Der botanische Kollege, WERNER RAUH, später Ordinarius in Heidelberg, hatte Farbfilm über das Kriegsende gerettet und stellte mir Dias her, die mir auch noch später gute Dienste taten.

G: In anderen Vorträgen?

St: Ja – Zunächst einmal in Darmstadt bei den Chemikern. Dort hielt ich an Fastnacht 1947 einen Ulkvortrag über die Nasobeme. Der Hörsal war brechend voll. Die verschiedenen Kollegen – Chemiker, Physiker, Geologen und natürlich auch der Zoologe, ANKEL, stellten nachher eine wissenschaftliche Diskussion auf die Beine, die in ihrer scheinbaren Ernsthaftigkeit ein Kunststück für sich war. Hierbei mußten mir natürlich auch laufend neue Argumente für meine Viecher einfallen. Dabei lernte ich sie wiederum besser kennen, besser als ich sie selbst entworfen hatte.

G: Sie sagten soeben «zunächst». Wiederholte sich das?

St: Ja – ein Jahr später, wieder in Heidelberg im Hörsaal des Zoologischen Instituts. Da band ich mir sogar einen Bart um und trat erstmals als Dr. STÜMPKE auf. Eine Studentin, ein sehr ernsthaftes Mädchen, merkte gar nicht, daß es ein Ulk sei, und verließ aus Protest den Hörsaal, weil die Leute über die Worte des alten Professors da vorn lachten. – Ein weiteres Mal hielt ich den Vortrag, der sich anscheinend schon etwas herumgesprochen hatte, auf der Tagung der Deutschen Zoologischen Gesellschaft in Tübingen, in den fünfziger Jahren. Wiederum mit einer sehr schönen wissenschaftlichen Diskussion, die ganz ernsthaft durchgehalten wurde. Auch dabei lernte ich eine Menge hinzu, was alles man bei den Nasobemen an Zoologie anwenden könne.

G: Wie kam es aber dann zu der Veröffentlichung als Buch?

St: Zunächst – das war schon um 1950 – regte der Botaniker SEYBOLD in Heidelberg das an und nahm von sich aus Verbindung mit einem dortigen Verlag auf. Dem erschienen aber die

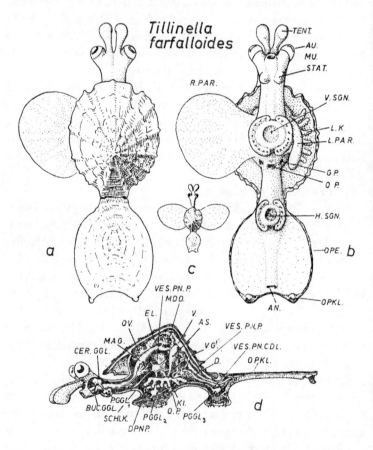

Abb. 6. Gleitflugschnecke *Tillinella* (vgl. Rh. Taf. II). Diese Abbildung wurde neben anderer «Begleitfauna» bei dem Tübinger Vortrag gezeigt; die Hinweis-Striche absichtlich mit unübersichtlicher Buchstabenbezeichnung.

farbigen Bilder für die Reproduktion zu teuer. Damit ruhte die Sache wieder. – Erst 1960 in Bonn auf dem dortigen Zoologentag sprach mich GERHARD HEBERER auf den Tübinger Vortrag an und meinte wieder, das sei doch ein schönes evolutorisches Planspiel und zudem lustig. Er betrieb ja eigentümlicherweise zwei völlig «disjunkte» Forschungsgebiete: Cytologie bei Copepoden und Evolution des Menschen. Er forderte mich auf, ihm ein druckfähiges Manuskript zu schicken mit den Tübinger Bildern, jedoch in Schwarz-Weiß-Technik umgezeichnet. Er wolle es bei einem ihm bekannten Göttinger Verlag unterbringen. Nach Heidelberg zurückgekehrt, setzte ich mich in meinen freien Stunden hin und zeichnete die Nasobeme in Tuschfedermanier um. Dann schrieb ich einen «wissenschaftlichen» Text dazu.

G: Konnten Sie dazu nicht einfach Ihr Vortragsmanuskript nehmen?

St: Das gab es nicht. Bislang hatte ich immer nur an Hand der Bilder improvisiert. Zudem waren durch die verschiedenen Diskussionen auch noch eine ganze Menge neuer Gesichtspunkte dazugekommen. Streng genommen, ist der schließlich gedruckte Text mit Hilfe vieler fremder Gedanken entstanden. Ich weiß nicht mehr, wer im einzelnen was beigesteuert hat. Schon damals, als ich ihn schrieb wußte ich das nicht mehr; denn jene Diskussionen waren jedesmal ein scherzhaftes Feuerwerk von Argumenten und Gegenargumenten, improvisiert für den lustigen Augenblick.

G: Mit den Namen und den Titeln haben Sie sich doch offenbar einige Mühe gegeben.

St: Gewiß! Da habe ich einiges hineingeheimnißt, ehrlich gestanden, zu meinem eigenen Vergnügen. Beispielsweise tauchen da fingierte Autoren auf – sie sind im Literaturverzeichnis aufgeführt. Unter anderem nahm ich ihre Namen aus dem Baskischen – aus zwei Gründen: Einmal versteht diese Sprache kaum jemand, so daß die Bedeutung der Namen mehr oder minder geheim bleibt. Außerdem habe ich im Baskenland sehr schöne Wochen meines Lebens verbracht. Sowohl während des Krieges wie später. Das erste Mal mit ANKEL im Frühling 1944. Da veranstalteten wir in Biarritz und St. Jean de Luz einen Meeresbiologischen Kurs für Biologen, die als Soldaten in Frankreich stationiert waren. Lauter nach sachlichen Gesichtspunkten ausgesuchte Leute. Ein begeistert durchgeführtes Unternehmen. Nach dem Krieg war ich mit meiner Frau dort und später mit Studenten-Exkursionen. Sowohl während wie nach dem Krieg haben uns die dortigen französischen Kollegen aufs freundschaftlichste geholfen. Das war eine menschliche Oase in einer durch Politik vergifteten Welt. Und bei diesen Gelegenheiten beschäftigte ich mich etwas mit dem Baskischen, dieser ureuropäischen Sprache, die gesprochen so herzhaft klingt. – Aber auch andere Sprachen habe ich bemüht.

G: Wie würden Sie die Zeichentechnik nennen, die Sie bei dem Büchlein angewendet haben?

St: Es ist Tuschfedermanier – etwa im Stil früherer Kupferstiche. An sich lag mir diese Art zu zeichnen vorher fern. Nur ein paar Neujahrskarten, wie ich sie in jenen Jahren verschickte, hatte ich schon auf diese Weise gezeichnet. Sie sind gewissermaßen die Vorläufer der Rhinogradentia-Blätter, was die Zeichenweise betrifft. Es galt ja, so zu zeichnen, daß die Reproduktionen im Druck nicht zu aufwendig würden.

G: Wie kam es, daß dann der Gustav Fischer Verlag das Buch herausbrachte?

St: Genau weiß ich das nicht, wie es Heberer fertig brachte, das Manuskript erfolgreich anzupreisen. Er arbeitete jedoch schon viele Jahre mit dem Verlag zusammen, hatte viel Humor und wirkte im Gespräch überzeugend. Mir ging es allerdings zunächst so, wie es den meisten Autoren geht, wenn sie ein Manuskript weggegeben haben: Ich hörte zunächst monatelang überhaupt nichts von der Sache, wurde schon etwas verzweifelt und wollte es zurückerbitten. Dann kam ganz unvermutet die Zusage aus Stuttgart. Dort wagte man dann ein paar hundert Exemplare. Im Herbst 1961 erschienen sie. Zu Weihnachten kam schon die zweite Auflage. Und in den Monaten und Jahren danach konnte ich bloß staunen über den Erfolg des Büchleins. Sie sehen: Genau genommen, ist es ja gar nicht ganz von mir.

G: Herr Professor Steiner, ich danke Ihnen für dieses Gespräch.

13

Die Vorgeschichte der «Rhinogradentia»

Als Ergänzung zu dem hier abgedruckten Interview schickte Steiner dem Verfasser den folgenden Beitrag, der zeigt, daß er schon immer eine Vorliebe für erfundene Tiere hatte, die zudem schon recht früh «wissenschaftlich angekränkelte» Gestalten ergab.

Neue Tiere zu konstruieren aufgrund der Kenntnisse über wirklich vorkommende ist vielleicht eine bei Zoologen viel weiter verbreitete Kinderei, als im allgemeinen zugegeben wird. Bei mir reicht das bis in meine Gymnasialzeit und sogar noch früher zurück. Schon als Sechs- und Siebenjähriger zeichnete ich besonders gerne Fabeltiere, die allerdings noch keinen Anspruch auf zoologische Richtigkeit erheben konnten. (Sie blieben somit tatsächlich «Fabeltiere» im Sinne des Kapitels 5/K. G.) Allerdings entwickelte ich als Schüler schon sehr früh ausgesprochene zoologische Interessen. Unter anderem äußerte sich das darin, daß ich mit vier Gleichaltrigen mit neun Jahren einen «Nat-Club» genannten Verein gründete, in dem jedes Mitglied im Vorstand war, und bei dessen «Sitzungen» wir uns feierlich mit «Sie» anredeten. Abgesehen von solchen Lächerlichkeiten, hielten wir uns jedoch Aquarien und Terrarien und gewannen bald durchaus überdurchschnittliche Fundort-Kenntnisse in der Umgebung Karlsruhes; und Tiere halten lernten wir auch. Damals – kurz nach dem Ende des Ersten Weltkrieges – gab es rings um Karlsruhe auch noch reiche Vorkommen von Amphibien und Fischen, und in der Schule wurden lebhaft solche Tiere getauscht, wobei ich meist den Tauschwert bestimmte. Dementsprechend sahen auch meine Schulhefte aus: In ihnen oder auf eingelegten Zetteln wimmelte es von gezeichnetem Getier, «realistischem» wie phantastischem. Auch Baupläne wurden früh entworfen, die allerdings – zoologisch gesehen – vorerst noch meist unmögliche Gebilde blieben.

Später ergaben sich immerhin schon glaubhaftere Gestalten, die nun z. T. an Phantasietiere erinnern, die neuerdings – lange

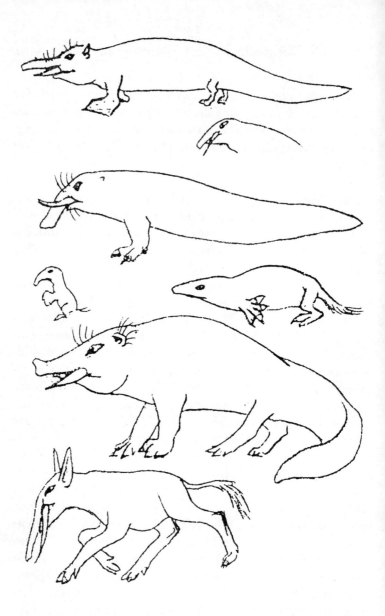

Abb. 7. Elefanten-Variationen 1922: Sie besetzen verschiedene Nischen, unterschiedlich weit angepaßt. Oben zwei Wasserlebende. Darunter – kleiner – zwei Maulwurfähnliche. Darunter wiederum ein Wasserlebender. Ganz unten «verschlankter» Klein-Elefant.

nach Erscheinen der Erstauflage der Rhinogradentia – in England 1981 herausgekommen sind (D. Dixon, After man), Wesen also, die von tatsächlich vorkommenden nach den Regeln der Evolution abgeleitet sind. Das verständlicherweise bei mir damals mit noch unzureichenden naturwissenschaftlichen Vorkenntnissen für ein solches Unterfangen (vgl. Abb. 7).

Die hübschesten dieser erfundenen Tiere erblickten erst viel später das Licht der Welt, nämlich Ende der zwanziger Jahre, als ich für meine Schwester einen Cyclus «Balhörner» verfaßte, lauter aquarellierte Bleistiftzeichnungen (vgl. Abb. 9–12). Der Name leitet sich her von dem Buchdrucker BALHORN oder BALLHORN (gest. 1573), der eine Schulfibel herausbrachte, auf deren erstem Bild ein Gockelhahn zu sehen war mit der Unterschrift «Kikeriki». In einer folgenden Auflage soll er dies Bild dadurch didaktisch aufgewertet haben, daß er dem Gockelhahn auch noch ein Ei unterlegte mit dem Zusatztext: «Ei». Davon soll sich die Redensart ableiten, daß man etwas verballhornt, wenn man es «verschlimmbessert».

Die Balhörner waren teils saurierartige, teils säugetierförmige Tiere, die alle möglichen Nischen besetzten und entsprechend abgewandelte Gestalten entwickelten. Evolutorisch «richtig» waren sie aber auch noch nicht. Ich war damals ja noch ganz junger Student.

Daß ich später – 1945 und danach – die Rhinogradentier «konzipierte», erklärt sich jedoch nicht nur aus diesen Vorstufen, sondern aus meiner Lehrtätigkeit, bei der ich – mehr als heute – darauf angewiesen war, das Vorgetragene durch viele Zeichnungen an der Tafel zu verdeutlichen. Zudem hegte und hege ich die Überzeugung, daß eine an der Tafel entstehende Zeichnung didaktisch eindrucksvoller ist als ein größenordnungsweise zehn bis hundert Sekunden dargebotenes Lichtbild, das man nicht, wie eine solche entstehende Zeichnung, – nun ohne Phrase – «nachvollziehen» kann. Beim Tafelzeichnen muß man stark vereinfachen und schematisieren, um «das Wesentliche» zu verdeutlichen. Von hier bis zum Entwerfen zwar nicht realer, jedoch «möglicher» oder zum mindesten glaubhafter Tierpläne ist dann kein großer Schritt mehr. Die Versuchung, solches durchzuspielen, liegt auch nah.

Abb. 8. u. 9. «Balhörner»: Oben chamäleonähnlich, unten wiederkäuer-
ähnlich.

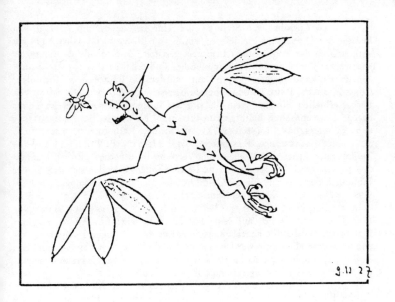

Abb. 10 u. 11. «Balhörner»: Oben fledermausähnlich, unten robbenähnlich. (Durch Umkopieren der aquarellierten Bleistiftzeichnungen sind die zugehörigen «Landschaften» undeutlich.)

Zu diesen Ausführungen Steiner's noch eine Ergänzung: Im Zoologischen Institut der Universität Heidelberg wurde von Bütschli im Jahre 1898 ein «Stammbuch des Zoologischen Instituts» gestiftet. Zwei Bände dieses, später «Schwarzes Buch» genannten Stammbuches sind erhalten (bis 1932 reichend). Ein dritter Band ging bis 1935. Dann wurden die Bücher vom Nachfolger Curt Herbst's, Paul Krüger, humorloserweise eingezogen. Die Schwarzen Bücher erhielten Eintragungen, die sich auf lustige Begebenheiten im Labor bezogen. Sie enthalten Beiträge von Bütschli, Nowikow, Schtschepotjew, von Buddenbrock, Landauer, Goldschmidt, Redikorzew, Escherich, Schuberg, Sukatschëw, Kassianow, Spek, Merton, E. Wolf und anderen Zoologen, die später z. T. bedeutende Vertreter ihres Faches wurden. Die beiden erstgenannten Bücher (das dritte ist verschollen) befinden sich jetzt in der Bibliothek des Instituts für die Geschichte der Medizin und Biologie der Universität Heidelberg (im Neuenheimer Feld).

Im zweiten Band (1910–1932) befindet sich auf S. 194/195 eine Eintragung (von Steiner), die sich auf seine Balhörner bezieht: Ein Ansatz zu ihrer Systematik (solche mit haarigem, verhorntem oder drüsigen Integument, sowie besondere Merkmale werden erwähnt) und Ökologie (Gebirgs-, Steppen-, Bewohner, Amphibische Balhörner sowie wiederum solche mit besonderen Anpassungen). Dieser Eintrag stammt aus dem Jahre 1929.

So dauerte die unmittelbare Vorgeschichte des 1961 erschienenen Rhinogradentier-Büchleins nicht nur – wie Steiner im gebrachten Interview angibt – 16, sondern eigentlich sogar über 32 Jahre, denn die Balhörner sind auch schon als in sich geschlossene Tiergruppe gedacht und nach zoologischen Gesichtspunkten abgewandelt.   K. G.

14
Zuschriften und deren Beantwortung

Es war vorauszusehen, daß die «Rhinogradentia» nach ihrem Erscheinen als Buch da und dort Leser veranlassen könnten, beim Verlag oder bei Rezensenten nachzuforschen, wie das nun sei: Ernst oder Scherz? Außerdem gab es natürlich auch Kollegen des (wirklichen) Verfassers, die ihm schrieben. Dazu nachfolgend einige Dokumente aus den materialreichen Unterlagen Steiners, samt einer Vorbemerkung von ihm.

Im ersten Fall reichen die Äußerungen von ernsthaftem Zweifel über Entrüstung ob unerhörter Irreführung bis zu fröhlichem

Beifall. Als Sonderform der letztgenannten Regung ergab sich bei einer Reihe von Briefen ein munteres Weiterspinnen des pseudowissenschaftlichen Fadens, das manchmal mißlang, weil die Betreffenden den Spaß übertrieben. Einige besonders hübsche Beispiele sind aber wert, daß man sie bringt.

Da es in manchen Fällen die Höflichkeit erforderte zu antworten, so galt es zuweilen, den Hereinfall der Genasführten taktvoll zu überspielen. So wollte ein angesehener Forscher allen Ernstes Material von Rhinogradentiern haben, um es mit seinen Untersuchungen an Beuteltieren und Placentaliern vergleichen zu können. Was antworten? Natürlich so, daß man ihm unterstellte, er habe humorvoll mitgespielt! Nun – vielleicht tat er es auch wirklich, und der Verfasser wurde nun genarrt und im Zweifel gelassen: Meint er nun Ernst oder tut er nur so?

In anderen Beispielen wieder galt es, eine Fast-Verärgerung durch eine nette Zusatzgeschichte zu entschärfen: Hatte der Betreffende Humor, würde er – so war zu hoffen – schmunzeln; hatte er keinen – nun – um so schlimmer!

Am lustigsten wurden Briefwechsel, in denen sich die Partner zusätzliche Bälle zuwarfen. Auch hiervon ein Muster.

Fast traurig stimmte eine Zuschrift, in der ein – sehr ernster – Mensch so gar keine Freude an dem Scherz haben konnte in der Ansicht, dies untergrabe den Autoritätsglauben und verhöhne die Gutgläubigkeit.

15
Falsches Latein!

Es fing schon beim Titel an: Ein des Lateins kundiger Dr. H. A., wohnhaft in einer Baden-Württembergischen Universitätsstadt, rügte: «Gradientia muß das heißen! Jeder, der Latein kann, wird sich daran stoßen!!» – Oh! – Unkenntnis oder Absicht? – St.'s Antwortbrief lautete:

«Sehr verehrter Herr Doktor!

Vom Verlag Gustav Fischer Stuttgart ist mir Ihre Stellungnahme zu dem Titel der ‹Rhinogradentia› zugegangen. Sie beanstanden die grammatikalisch falsche Form, die – korrekt – ‹Rhinogradientia› heißen müßte, und schreiben: ‹Jeder, der Latein kann, wird sich daran stoßen!!›

Sie haben damit durchaus Recht; denn auch ich habe mich an dieser falschen Form gestoßen. Zudem ist das Wort ‹Rhino-Gradentia› – ob mit oder ohne i – an sich schon ein schreckliches Gebilde aus griechischen und lateinischen Elementen. Es teilt hierin allerdings das Los von ‹Nasobema›; und wenn man für säuberliche Trennung der Sprachen wäre, dann müßte es heißen: ‹Nasogradiens› und ‹Rhinobema›.

Nun weiß ich nicht, ob Sie Ihres Zeichens Philo- oder Zoologe sind. Auf jeden Fall liegen zoologisch die Dinge so: Die Bezeichnung ‹Rhinogradentia› stammt von dem Bearbeiter dieser Gruppe, BROMEANTE DE BURLAS; und da in der zoologischen Nomenklatur die Prioritätsregel gilt, so muß an diesem Namen festgehalten werden, auch wenn er sprachlich nicht korrekt ist.

Vielleicht wissen Sie oder erinnern Sie sich daran, daß sogar für die häufigsten, zoologisch stets als Beispiele zitierten Tiere, diese Regel dazu führt, daß seit vielen Jahrzehnten Namen im Gebrauch sind, die Ihrem Sprachempfinden – und dem meinen – durchaus zuwiderlaufen: Das Pantoffeltierchen heißt ‹*Paramaecium caudatum Ehrenberg*›. Ein griechisches Wort ‹paramaikes› gibt es aber nicht, sondern nur eines ‹parameks›, und demnach müßte das Pantoffeltierchen ‹*Paramecium*› heißen. Ich habe es – inkorrekterweise – immer so geschrieben. Neuerdings wird es auch in der deutschen wissenschaftlichen Literatur so geschrieben. Nomenklatorisch korrekt müßte es aber trotzdem ‹*Paramaecium*› heißen. Die Physiologen, die sich nicht so sehr um Nomenklaturregeln kümmern, schreiben meist ‹*Paramecium*›, die Morphologen – soweit sie korrekt sind – ‹*Paramaecium*›. – – – Ganz ähnlich geht es mit der spitzen Schlammschnecke. Sie muß – nomenklatorisch korrekt – ‹*Lymnaea*› heißen, obwohl dies ethymologisch falsch ist. Auch die Meeresstrandschnecke heißt entsprechend LINNÉ, ‹*Littorina littorea*›, obwohl die Schreibweise mit tt zum mindesten sehr spätlateinisch ist. Ein für den Philologen geradezu

80

grausames Beispiel ist die Luftröhrenfliege des Känguruhs, die ‹Tracheomyia macropi› heißt. Das Känguruh heißt ‹Makro-pus› – also ‹Großfuß›. Die Genetivbildung ‹Macropi› ist geradeso schön wie der Genetiv ‹ii› von ‹ius›.

Vor einigen Jahren habe ich für die philologisch unbeschwerten Jüngeren unter unseren Zeitgenossen eine Broschüre ‹Wort-Elemente der wichtigsten zoologischen Fachausdrücke› (Verl. C. F. Müller/Karlsruhe) (Anm. K. G.: Die ‹Wortelemente› kommen inzwischen beim Gustav Fischer Verlag heraus, inzwischen in der 6ten Auflage.) herausgebracht. In der Einleitung hierzu schrieb ich unter anderem: Vom philologischen Standpunkt aus gesehen, sind viele unserer Fachausdrücke sowieso sprachwidrige Gebilde. Es gilt also nicht, sie streng grammatikalisch zu zergliedern; man muß sich mit ihnen abfinden und sie auf einigermaßen gedächtnisschonende Weise erlernen, so daß sie als das dienen können, wofür sie geprägt sind: Als verbindliche Formeln bestimmter Begriffe.› Sie sehen hieraus, daß ich mir über diesen Tatbestand schon ziemliche Gedanken gemacht habe, weiterhin sehen Sie, daß ich von der Korrektheit der zoologischen Fachausdrücke nicht viel halte, und ebenso können Sie vielleicht verstehen, daß ich mich über jeden freue, der noch soviel Latein kann, daß er ‹sich daran stoßen› kann.

In dem Büchlein mit dem anstößigen Titel würden Sie bei genauerem Studium auf S. 12, Anmerkung 15 aber auch die Geschichte mit den ‹korrekten› Nomenklaturschwierigkeiten glossiert finden – wobei es natürlich wiederum wirklich korrekt heißen müßte ‹mamont› und ‹Mammut›. Wer genau hinsieht wird in dem Buch überhaupt noch viele Fehler finden; denn es liegt am Leser, ob er sich über die Fehler freut oder ob er sich ‹daran stößt›. Vielleicht merkt auch der perfekte Latinist, daß nicht nur der Titel ein Scherz ist.

Mit vorzüglicher Hochachtung
bin ich Ihr sehr ergebener   gez. G. Steiner»

Wie Herr Dr. H. A. diesen Brief aufgenommen hat, wurde seinem Absender nie kund; denn er bekam keine Antwort auf ihn.

16
Eine Besprechung und ihre Folgen

Am Freitag, den 4. August 1961 erschien im Feuilleton der Süddeutschen Zeitung eine Besprechung der Rhinogradentia von ERICH VON HOLST, *damals Direktor am Max-Planck-Institut für Verhaltensforschung in Seewiesen. Sie war in durchaus ernstem Ton gehalten und brachte die beschriebenen Tierchen den Lesern wissenschaftlich erklärend nahe. Hier der Wortlaut:*

«Das Nasobem hat doch gelebt

Professor ERICH VON HOLST vom ‹Max-Planck-Institut für Verhaltenspsychologie› in Seewiesen stellt uns die folgende Besprechung eines, wie er schreibt, ‹bedeutsamen Werkes, das breites Interesse finden dürfte›, zur Verfügung.

Wir leben in einer Zeit, in der sich die wissenschaftliche Spezialliteratur zu immer höheren Bergen türmt. Man hat berechnet, daß die medizinischen Aufsätze, die für einen Arzt wichtig sind, ihm eine Lesezeit von täglich weit über hundert Stunden abfordern würden. Dem Physiker, Chemiker oder Biologen geht es nicht besser; nur sind hier die Folgen weniger tragisch. So übersieht selbst der Spezialist nicht mehr völlig sein Spezialgebiet; und erst recht findet sich kaum Anlaß oder Zeit, über den eigenen Zaun ins Nachbarrevier zu schauen.

Diese Tatsache macht es dem Kenner zur besonderen Pflicht, die seltenen wirklich hervorragenden Produkte aus dem riesigen belangarmen Gedruckten um so sichtbarer hervorzuheben. Um ein solches einzigartiges Werk auf biologischem Gebiet geht es hier; ein äußerlich bescheidenes Büchlein mit dem schlichten Titel ‹Bau und Leben der Rhinogradentia› (Gustav Fischer Verlag, Stuttgart). Herausgegeben ist das Buch von GEROLF STEINER, Professor der Zoologie an der Universität Heidelberg; sein Name bürgt für die strenge Wissenschaftlichkeit des Inhalts. Vom Autor, HARALD STÜMPKE, würde man wenig wissen, gehörte er nicht zu jenen Kindern des Glücks, denen ein seltener Zufall eine schlechthin abenteuerliche Entdeckung bescherte: die Entdeckung einer neuen und gestaltenreichen Ordnung der Säugetiere, die sich weit ab von aller sonstigen tierischen Entwicklung auf einer kaum bekannten Gruppe von Südseeinseln in einem Zeitraum von wohl Jahrmillionen herausgebildet hat, der ‹Naslinge›. Die Hi-Jay-Inseln gehören heute der Vergangenheit an. Wie STEINER im Nachwort mitteilt, wurde das Hi-Jay-Archipel infolge einer Erdsenkung nach einer 200 Kilometer entfernten atomaren Sprengung vom Meer verschlungen – und mit ihm ihr Beschreiber Stümpke selbst, der jedoch vor seiner zweiten Forschungsreise ein Manuskript hinterließ, die Grundlage für den uns vorliegenden, übrigens trefflich bebilderten Text.

Was, so wird man fragen, kann denn an einer neuentdeckten Tiergruppe so aufregend sein? Gibt es nicht schon mehr als genug bekannte Tierarten? Gewiß; aber wenn die Erforscher der menschlichen Abstammung sich mit Recht über ein Stück eines Unterkiefers oder einen fremdartigen Eckzahn, der aus der Erde zum Vorschein kommt, erregen und daraus eine neue menschliche Urform konstruieren, so wird des Biologen Herz wohl höher schlagen dürfen, sieht er sich plötzlich einer völlig neuen Tierwelt gegenüber.

Wir lernen heute schon als Schulkinder die oft so verschlungenen Wege der Stammesgeschichte in großen Zügen kennen. Wir erfahren, daß aus der Urform der Fischflosse der fünffingrige Fuß der Amphibien, hieraus der einfingrige der Huftiere wurde; daß die Vorderfüße beim Entwicklungsweg der Vögel sich höchst kunstvoll zu Flügeln umgestalteten, daß eine Gruppe der Vögel – die Pinguine – aber unbegreiflicherweise (mehr schlecht als recht) zum Fischdasein zurückzukehren sich bemühte, die Flügel wieder in Flossen verwandelnd. Wir erfahren, daß auf ähnlich krummen Wegen die Wale alle Errungenschaften der Landsäuger abzustreifen suchten, und daß sie wohl über kurz oder lang aussterben werden, weil ihnen das in einem wichtigen Punkt nicht gelang: in der Neubildung von Kiemen an Stelle der luftatmenden Lungen. Die abstrusesten Sonderwege, die unsere Tierwelt ging, sind uns von Kindesbeinen an vertraut. Die nette Geschichte von jenem Mädchen, das, auf dem Lande aufgewachsen, zum erstenmal im Zoo einen Elefanten sieht – ein Tier, dessen Nase ein langer Arm wurde mit einem beweglichen Greiffinger am Ende, und das bei diesem Anblick mit dem Fuß heftig aufstampfend entrüstet ruft: ‹Nein, so was gibt es nicht!›, derlei wird sich heute schwerlich ereignen.

Die Urform der Naslinge ist ein Spitzmausähnliches Tierchen, das gelegentlich, beim Beuteverzehren, auf seiner beweglichen Nase sitzt, um so die vier Füße frei zu haben. An dieser scheinbar unbedeutenden, aber zukunftsträchtigen Besonderheit haben nun die Entwicklungskräfte der Erbänderung (Mutation) und Auslese (Selektion) mit Macht angegriffen; vor unseren Augen liegt ein klar übersehbarer und verzweigter Stammbaum. Da führt eine Art zu den ‹Weichnasen›, die, ähnlich wie die Schnekken auf ihrem ‹Fuß›, auf ihrer Nase vorwärtskriechen, eine Schleimspur hinterlassend, und die sich bei Gefahr in ein Schalengehäuse zurückziehen. Eine andere Art sitzt am Ufer stiller Gewässer und läßt einen dicken Schleimfaden aus der Nase ins Wasser hängen, der kleine Beutetiere anlockt und festklebt; der so angereicherte Nasenschleim wird dann ‹hochgezogen› und geschluckt. Eine dritte Form wächst mit ihrem Nasensekret auf der Unterlage fest und lebt von Insekten, die durch eine Duftdrüse am Schwanz angelockt werden. Ein zweiter Entwicklungsweg führt u. a. zu Formen, die nach Maulwurfsart unter der Erde leben und sich durch ihre große rhythmisch vorgestreckte, dann verdickte und wieder verkürzte Nase wie gewisse Würmer fortbewegen. Ein bemerkenswerter weiterer Weg führt über Formen, die eine lange, versteifte und gelenkige Nase als Springbein benutzen und dabei mit den großen Ohren balancieren, bis zum Erwerb eines richtigen Flugvermögens durch schwingende Ohren. Es ist das fünfte Mal, daß im Tierreich das Fliegen ‹neu› erfunden wird; bei den Insekten entstanden die Flügel aus verbreiterten Hautplatten; bei den Vögeln aus der sehr verkümmerten ‹Hand› und einem Federbesatz, der hervorging aus den Schuppen einstiger Echsenhaut, bei den Fledermäusen ist der Flügel ein Hautlappen, den eine fünffingrige Hand durchzieht; und bei den Flugsauriern war es ein Hautlappen, den allein der riesige fünfte (also unser ‹kleiner›) Finger gespannt hielt.
Ich übergehe einige Seitenwege, die u. a. zu einer Art führen,

welche, still zwischen Orchideen sitzend, aus ihrer eine Blüte nachahmenden Nase einen Insekten anlockenden Duft entströmen läßt, und wende mich zu dem Entwicklungsweg, der durch eine embryonale Aufteilung der Nasenanlage zur Mehr- und Vielnasigkeit geführt hat und der dieser ganzen Tierordnung den Namen gab; denn ‹Rhinogradentia› heißt: die auf den Nasen Schreitenden. Unter diesen Vielnasigen befindet sich der ‹klassische› Vertreter, das Nasobema lyricum; so genannt, weil er – schon vor vielen Jahrzehnten – nicht etwa von einem Zoologen, sondern von einem Poeten beschrieben wurde; und zwar in einer Weise, die den Gedanken an wirkliche Existenz nicht aufkommen ließ. Das Gedicht CHRISTIAN MORGENSTERNs ist bekannt genug:

> *Auf seinen Nasen schreitet*
> *einher das Nasobem,*
> *von seinem Kind begleitet,*
> *es steht noch nicht im Brehm;*
> *es steht auch nicht im Meyer*
> *und auch im Brockhaus nicht,*
> *es trat aus meiner Leier*
> *zum erstenmal ans Licht . . .*

Stümpke erörtert in Breite die Frage, wie Morgenstern Kunde von der Existenz dieses Lebewesens erhalten haben konnte; er hält es für möglich, daß der Dichter durch einen gewissen Albrecht Jens Miespott, einen alten Kapitän, der die Südsee befuhr und mit dem er in Briefwechsel stand, vielleicht eine Beschreibung oder gar einen Balg erhielt. Sollte das zutreffen – die Argumentation ist an dieser Stelle des Buches nicht sehr überzeugend, dem kritischen Leser können Zweifel kommen, ob der nüchterne Blick des Naturwissenschaftlers die möglichen Zusammenhänge wirklich zu durchschauen vermag –, so kann man nur den Scharfsinn bewundern, mit dem der Dichter, der ein großer Tierfreund war, sein Wissen zwar der Menschheit kundtat, es aber zugleich doch den beutegierigen Gelehrten so erfolgreich vorenthielt. Was uns damit verlorenging, kann man nur ahnen, wenn man z. B. erfährt, daß unter den Vielnaslingen auch eine Art war, welche, die einzelnen Nasen nach Art von Posaunen verkürzend und verlängernd, eine ‹polyphone› Balzmusik vollführte. Ein gefangenes Exemplar soll schnell zahm geworden sein und, ähnlich wie der

Dompfaff tonal zu pfeifen lernt, zwei mehrstimmige Bachfugen erlernt haben; was angesichts der Hirngröße durchaus glaubhaft erscheint.
All das ist nun heute für immer dahin durch menschlichen Leichtsinn. So wird wohl morgen auch die rätselhafte Tierwelt der Galápagos Inseln vernichtet sein durch menschliche Unvernunft, wenn nicht strengste Schutzmaßnahmen die drohende Ausrottung im letzten Augenblick verhindern.

ERICH VON HOLST»

Es war vorauszusehen, daß auf diesen erneuten wissenschaftlichen Scherz manche Leser «hereinfielen», obwohl der vorletzte Absatz einige Andeutungen enthielt, die sie hellhörig machen mußten. In der Tat kamen denn auch einigen, die diese Besprechung aufmerksam durchgelesen hatten, Zweifel. Hiervon unten zwei Beispiele. Daß allerdings die ganze Geschichte sogar ein politisches Nachspiel haben sollte, war kaum vorauszusehen und auch nicht beabsichtigt. Zwar verstanden russische Kollegen in Moskau und deren Freunde in Prag den Scherz vollauf, die mitteldeutsche Presse jedoch vertraute auf den Namen des Referenten, VON HOLST, und berichtete ihren Lesern von einer zoologischen Sensation, wobei sie es nicht unterlassen konnte, den durch einen amerikanischen Atombombenversuch verursachten Untergang der Heieiei-Eilande zu beklagen. (Zur gleichen Zeit startete die Sowjetunion eine entsprechende Versuchsserie auf der Nowaja Semliá.) Die Thüringer Journalisten waren hernach begreiflicherweise ob dieser Panne ziemlich böse, für die sie selber ja nichts konnten, und die weder im Westen noch im Osten beabsichtigt worden war.

Zwei Briefe aus dem bajuwarischen Sprachraum überließ VON HOLST dem Verfasser STEINER zur Beantwortung. Der eine kam von einer pensionierten Studienrätin, die – biologisch interessiert – das Buch auf die Besprechung hin kaufte und nun enttäuscht und etwas ergrimmt schrieb. Der Wortlaut des Briefes wird unverfälscht, jedoch aus rechtlichen Gründen in indirekter Rede, wiedergegeben:

Anfang August sei in der Süddeutschen Zeitung sein Artikel «Das Nasobem hat doch gelebt» erschienen. Sie habe ihn damals mit großem Interesse gelesen und habe sich das Buch sofort bestellt. Bei eingehendem Studium desselben sei ihr wohl vieles unwahrscheinlich, unvorstellbar und unglaubwürdig vorgekommen, aber schließlich habe ja seine Autorität dahintergestanden und so habe sie keine Zweifel an der Richtigkeit der Angaben gewagt. An eine Mystifikation zu glauben, habe ihr unter diesen Umständen gänzlich unmöglich erschienen. Ob es einen Prof. GEROLF STEINER in Heidelberg gebe, wisse sie nicht, ebensowenig, ob ein HARALD STÜMPKE je gelebt habe. Aber schließlich müsse VON HOLST das ja wissen und so sei er ihr Gewährsmann gewesen.

Im Septemberheft der Naturwissenschaftlichen Rundschau sei, von Dr. WOLFGANG SCHLEIDT, Seewiesen, unterzeichnet, eine Besprechung des Buches von STÜMPKE erschienen, die einem noch mehr an Unglaubwürdigem zumutete. Aber schließlich sei die Rundschau eine wissenschaftlich ernst zu nehmende Zeitschrift, die sich ihrer Ansicht nach nicht erlauben könnte, einem Ulk zu dienen.

Aber dann sei der reichbebilderte Artikel im «TIER» gekommen mit der anschließenden Bemerkung, die nun die ganze Sache als «hochwissenschaftliche Spitzbüberei» bezeichne.

Prof. LORENZ sei Mitherausgeber der Zeitschrift «DAS TIER», müsse also wohl Kenntnis gehabt haben von dieser Notiz, wenn sie nicht gar von ihm selber stamme.

Die drei Besprechungen des Buches, die ihr bekannt geworden seien, gingen also alle vom Max-Planck-Institut für Verhaltensforschung in Seewiesen aus. Sie habe den Eindruck, daß es sich hier gar nicht um eine «Spitzbüberei» handle, sondern um ein Experiment! Sollte hier etwa das Verhalten des naturwissenschaftlich interessierten Publikums getestet werden?!

Sie könne diese ganze Angelegenheit, die schließlich eine grobe Irreführung des gutgläubigen Lesers sei, beim besten Willen nicht gutheißen! Immerhin sei sie naturwissenschaftlich zu stark interessiert, um nicht zu reagieren, wo offenbar eine Reaktion gefordert werde, denn sonst hätte das Experiment wohl keinen Sinn.

Als eine solche Reaktion wolle VON HOLST, bitte, diesen Brief auffassen. Sie könne nicht leugnen, daß sie recht sauer reagiere! Sie halte es für unrichtig, den Autoritätsglauben, der ohnehin schon gegenwärtig nicht sehr stark sei, derart zu untergraben und sich zu einer offenkundigen Irreführung herzugeben. Da sich das Institut in Seewiesen mit der Erforschung des Verhaltens verschiedener Tiere beschäftige, so schiene es ihr durchaus berechtigt, für die Gattung Homo keine Ausnahme zu machen. Nur die Art des Experimentes müsse sie ablehnen, weil sie glaube, daß hier mehr Schaden als Nutzen gestiftet wurde. Wer werde es, wenn er einmal so betrogen wurde, noch gutgläubig und unkritisch hinnehmen, wenn die Wissenschaft Sensationelles zu berichten hat? Wer dürfe sich aber schon Kritik anmaßen? Es sei sicher nicht Mangel an Humor, wenn sie hier mindestens von Geschmacklosigkeit sprechen möchte! Das Nasobem sei wohl hier der Leser, der an der Nase herumgeführt werde.

Die ganze Angelegenheit mit dem verschwundenen Archipel, dessen Lokalisation aus dem Buch nicht zu ermitteln sei, die polynesisch-bajuwarische Abstammung der durch Schnupfen ausgestorbenen Huacha-Hatschi, der die zwei Bachschen Fugen fehlerfrei wiedergebende Nasling und vieles andere seien doch starke Zumutungen! Sie könne nicht leugnen, daß sie die Phantasie bewundere, die dieses «Werk» geschaffen habe. Die Abbildungen seien wunderbar, wenn auch wenig glaubwürdig. Am aller unglaublichsten finde sie es aber, daß sich Gelehrte zu einer solchen Nasführung des Publikums hergäben!

Nichts für Ungut, das sei ihre Reaktion auf das Experiment, dessen Ausführung, so scharfsinnig und so fein es auch sein möge, sie ganz und gar nicht billigen könne. Immerhin sei ihr wissenschaftliches Interesse stark genug, um hier Stellung zu nehmen. Nun, sie für ihren Teil, habe also auf das Experiment reagiert. Vermutlich werde VON HOLST viele Reaktionen verzeichnen können. Es sollte sie freuen, wenn der Verhaltensforschung damit gedient wäre, wenn sie sich auch nicht recht vorstellen könne, in welcher Weise. Dann hätte sich vielleicht die große Mühe, die sich der Verfasser mit dem Buch gemacht hat, in irgendeiner Weise gelohnt.

Unterschrift

STEINER war verständlicherweise verblüfft; denn auf solch ein Ansprechen auf sein «Werk» war er doch nicht gefaßt. Sollte er überhaupt antworten? Und wenn ja, wie? Der Brief war ja ernsthaft, seine Verfasserin interessiert und sicher achtbar. Man durfte sie also nicht einfach veralbernd abtun! Andererseits fand er jedoch einige fast bedenkliche Ansichten, die – so schien es ihm – richtig gestellt werden müßten. So erwiderte er ausführlich und durchaus ernst – vielleicht etwas zu schroff in manchen Sätzen. Wie er mir versicherte, hatte er jedoch nicht die Absicht, die alte Dame zu kränken.

Zunächst stellte er einige Vermutungen richtig: 1. Einen Prof. GEROLF STEINER gäbe es tatsächlich, 2. Die Annahme, es handle sich bei der ganzen Angelegenheit um ein humanethologisches Experiment des MPI Seewiesen, sei ein Irrtum: LORENZ – als Mitherausgeber des «Tier» – sei daran völlig unschuldig, SCHLEIDT habe unabhängig von v. HOLST, LORENZ, STEINER und dem Verlag gehandelt. Der Aufsatz im «Tier» gehe auf GRZIMEK und nicht auf Lorenz zurück.

Was den Verfasser der Rhinogradentier etwas erschreckte, war die Auffassung, man müsse den Autoritätsglauben und die Gutgläubigkeit fördern. Er erklärte, in den Naturwissenschaften dürfe es keinen Autoritätsglauben geben, hier müsse alles nachprüfbar sein. Zudem habe Gutgläubigkeit ihre Grenzen dort, wo einigermaßen vorhandenes Urteilsvermögen auf Unglaubwürdiges stoße.

Dem sei vielleicht hinzuzufügen, daß Unterricht zwar von Autorität getragen sein sollte in sofern, als der Unterrichtende durch Wissen und Denkschulung den zu Unterrichtenden gegenüber einigen Vorsprung haben muß, und zwar nicht nur den, von dem der Scherz heißt: Was unterscheidet den Dozenten vom Studenten? – Er weiß es eine oder zwei Stunden früher!

Der kritischen Briefschreiberin ist hier vielleicht zugute zu halten, daß sie das «Alles-in-Frage-Stellen», das sich noch mangelhaft Ausgebildete zuweilen anmaßen, für nicht sehr fruchtbar hielt. Ihr Brief ist aber vor 1965 geschrieben, also vor dem Beginn des «großen Umbruchs», der Hochschulen und Schulen seither erschüttert hat. Vielleicht ahnte sie solches? Nur – ein Scherz, der sich durch einige groteske Übertreibungen (siehe Orgeltatzelnase und BACHsche Fugen!) im Buch und in der VON HOLST'schen Besprechung als solcher zu Erkennen gab, war vielleicht der unrechte Punkt, solch herbe Kritik anzusetzen.

Der andere Brief löste eine heitere Antwort aus; denn hier galt es, sprachliche Bedenken zu zerstreuen, die sein Schreiber bei der Lektüre des Büchleins bekam. Da die Süddeutsche Zeitung in München und somit im kernbajuwarischen Sprachraum erscheint, lag es nahe, daß die Leser ihres Einzugsgebietes diese Sprache beherrschten und daher einige sprachliche Anspielungen besser verstanden als Angehörige anderer deutscher Stämme.

Hier muß man auch daran erinnern, daß leider in der französischen und in der amerikanischen Übersetzung (von der japanischen ganz zu schweigen!) diese «Feinheiten» verständlicherweise verlorengehen oder, falls der Übersetzer sie nachfühlen konnte, in der betreffenden anderen Sprache in geeigneter Weise «nachgedichtet» werden mußten. (Das gelang in einigen Beispielen übrigens recht gut.) Aber das ist nur ein Grenzfall jeder Übersetzung und stärkt jenen Leuten den Rücken, die immer wieder sagen: «Kinder! Lernt Sprachen, und Ihr werdet mehr Leute in der Welt wirklich verstehen!» Man könnte fast politik-philosophisch werden und das soweit ausdehnen, daß man sagte: Völker ohne ausreichende Fremdsprachenkenntnisse sind unfähig, fein abgestimmte Außenpolitik zu machen; und Politiker, die sich nur über mehr oder minder gute Dolmetscher unterhalten können, werden nie das für ein volles Vertrauen (und das volle Durchschauen) nötige Verstehen ihrer Gesprächspartner aufbringen.

Der das Bajuwarische betreffende Brief lautete, wiederum in indirekte Rede übertragen, wie folgt:

Angeregt durch von HOLST's Buchbesprechung in der Süddeutschen Zeitung vom 4. 8. 1961 habe er sich das von ihm als wissenschaftliche Arbeit deklarierte Buch: «Bau und Leben der Rhinogradentia» von Prof. Dr. HARALD STÜMPKE gekauft.

Nach eingehender Lektüre scheine ihm die wissenschaftliche Exaktheit dieses Buches in Frage gestellt, und es scheine sich hier wohl eher um die Parodie einer wissenschaftlichen Arbeit zu handeln.

Er erlaube sich, von HOLST einige wenige der ihm besonders aufgefallenen Textstellen zu zitieren:

Im Literaturnachweis werde folgender merkwürdiger Buchtitel zitiert: Grundsätzliches über die Eßbestecke der Huacha-*Hatschi*, eines (an *Schnupfen*) ausgestorbenen polynesisch-*bajuwarischen* Mischvolkes.

Ferner führe die Einleitung folgende (unter anderem) Ortsbezeichnungen an: Heidadaifi – Mairúvili – Nawissy – usw. In diesen Worten lägen typisch bajuwarische Ausdrücke und Ausrufe versteckt.

Die Namen des Vulkans Kozobausi, des Berges Schauanunda (= Schau hinunter!), die Pflanzengattungen Maierales und Schultzeales hätten ein auffallend parodistisches Gepräge.

Das ganze Büchlein komme ihm wie eine Fortspinnung des *Morgenstern'schen* Fabelwesens vor.

Er wäre von Holst dankbar, wenn er ihm kurz mitteilte, ob seine Vermutungen begründet seien, oder ob es sich tatsächlich um eine wissenschaftliche Arbeit handle.

Mit freundlichen Grüßen
Unterschrift

Steiners Antwort hierauf:

«Sehr geehrter Herr K.!

Durch den Verlag Gustav Fischer Stuttgart erhielt ich Ihren Durchschlag des Briefes an Herrn Prof. von Holst. Da ich nicht weiß, ob dieser Ihnen derzeit schreiben kann – es geht ihm gesundheitlich nicht gut * –, so möchte ich es versuchen, Ihre Bedenken wegen des nachgelassenen Werkes meines Freundes Stümpke zu zerstreuen; denn ich würde es bedauern, wenn sich Ansichten festsetzten, die dem richtigen Verständnis seines Büchleins nicht gerecht würden.

Es ist Ihnen mit Recht aufgefallen, daß unter den Namen der Inseln des Hi-Iay-Archipels die meisten bajuwarische Namen tragen. Dies blieb lange rätselhaft; indessen ist die Vermutung, daß das ausgestorbene Volk der Hooakha Huchy tatsächlich ein polynesisch-bajuwarisches Mischvolk war, noch kurz vor dem Tode Stümpke's in überraschender Weise aufgeklärt worden:

Bei den immer größeren Spannungen zwischen der Indischen Republik und der Portugiesischen Kolonie Goa (der Brief wurde am 15. 9. 61 geschrieben. Die Inder besetzten Goa am 17. 12. 61. Anm. K. G.) wurde nicht nur das Kolonialarchiv sicher gestellt,

---

* Leider war dies nun durchaus kein Scherz: von Holst wurde damals schon in steigendem Maße von seinem Herzleiden gepeinigt, dem er wenige Monate später – nur dreiundfünfzigjährig – erlag.

sondern eine Gruppe von Denkmalpflegern suchte in den z. T. verfallenen Krypten der Kirchen von Alt-Goa nach etwa vorhandenen Dokumenten, die aus der Frühzeit der Kolonie stammten. Ihr Bemühen war nicht völlig umsonst: In der Mauer der Sakristei der kleinen Kirche Sta. Virgem das Palmeiras fand sich ein Bleikasten, der einige alte Tagebücher enthielt, die alle aus dem 16ten Jahrhundert stammen. Für uns interessant das Schiffstagebuch des Kapitäns GIL FERNANDE BRINCALHAO, der um 1520 herum von Goa aus verschiedene Reisen unternommen hat. Wie manche andere unter den portugiesischen Seefahrern hatte er nicht nur ein Schiff mit Seeleuten und Soldaten, sondern er fuhr mit zwei Segelschiffen, von denen das eine Soldaten, das andere aber eine Gruppe portugiesischer Schiffszimmerleute sowie 22 bayrische Holzfäller an Bord hatte. (Vermutlich waren sie über das Kaufhaus der Fugger vermittelt worden – gewissermaßen hinter dem Rücken der Spanier, mit denen ja die Fugger im übrigen liiert waren.)

Bei einem der genannten Unternehmen meuterten die Bayern, weil der Biernachschub nach Goa versagte, und an Ort und Stelle wegen des heißen Klimas nur ein minderwertiges obergäriges Bier hergestellt werden konnte. Die Schiffszimmerleute schlossen sich den Meuterern an und zwangen den Steuermann des Schiffes, Kurs nach Westen zu nehmen. Kapitän GIL überwältigte aber das Schiff durch eine List, ließ die Bayern fesseln, nahm erneut Kurs gen Osten und setzte 20 der Bayern auf einer scheinbar unbewohnten Insel aus, nachdem er ebendort die beiden Rädelsführer sowie einen der portugiesischen Schiffszimmerleute an einer Palme hatte hängen lassen. Die Namen der beiden Bayern sind – allerdings entstellt – in dem Tagebuch Gil's verzeichnet: João Obamosa und Frederico Untamosa. – Es ist nun anzunehmen, daß die fragliche Insel eine des Hi-Iay-Archipels war; und daß die Bayern sich mit der polynesischen Vorbevölkerung, der sie physisch gewachsen waren, vermischt haben und ihre Sprache ähnlich beeinflußten wie die Normannen das Angelsächsische. Leider klafft zwischen ca. 1520 und 1941 eine historische Lücke. Immerhin konnten ca. 16 Generationen eine weitgehende Homogenisierung der Bevölkerung ergeben, so daß die Population bei ihrer Wiederentdeckung einen einheitlichen Charakter hatte.

Ihre sonstigen Bedenken kann ich nicht teilen: So z. B. ist die nächste Straßenbahnhaltestelle, fünf Minuten von meiner Wohnung hier, die Kußmaulstraße – gewiß ein unglaubwürdiger Name für eine Straße. Hier in Heidelberg existiert ein Bestattungsinstitut Feuerstein und Meiler, in Darmstadt gab es während meiner dortigen Zeit ein solches namens Made, und außerdem gab es einen Metzgermeister Made dort; und hier in Heidelberg gibt es ein Blumengeschäft, das Welker heißt – Blumen-Welker! Sie sehen: Unwahrscheinliche und parodistisch erscheinende Bezeichnungen können täuschen. Im übrigen brauchte selbst dann, wenn – wie Sie schreiben – es sich bei dem Buch um eine Parodie einer wissenschaftlichen Arbeit handelte, die wissenschaftliche Exaktheit des Buches nicht in Frage gestellt zu sein. Es gibt viel auf unserer Erde, das wissenschaftlich exakt und trotzdem Blödsinn ist.

Mit vorzüglicher Hochachtung
bin ich Ihr sehr ergebener G. Steiner»

Leider blieb auch diesem Brief die Antwort versagt, obwohl sein Verfasser sich um ausführliche Erklärung bemüht hatte.

17
Ein Diskussionsbeitrag in Sinne philologischer oder kunsthistorischer Analysen

Der bekannte Verhaltensforscher Schleidt, damals noch in Seewiesen Schüler von Konrad Lorenz, der auch das auf S. 87 erwähnte Referat über die Rhinogradentia in der Naturwissenschaftlichen Rundschau schrieb, schickte an Steiner den im folgenden abgedruckten Brief vom 28. 7. 61. Er setzt zwar die in Frage stehenden Tierchen den Chimären Hieronymus Bosch's gleich, was unseres Erachtens nicht den Kern der Sache trifft, jedoch tut er es so witzig und kenntnisreich, daß trotz solcher kritischer Bedenken der Inhalt des Briefes nicht verloren gehen sollte!

Sehr verehrter Herr Professor,

entschuldigen Sie bitte, daß ich mir die Freiheit nehme, Ihnen für die Veröffentlichung der Rhinogradentier-Studien von Prof. STÜMPKE zu danken und Sie dazu beglückwünsche – es ist Ihnen damit nämlich, so glaube ich, gelungen, eine empfindliche Lücke in unserem Schrifttum zu schließen.

Da ich mich schon seit geraumer Zeit – längst vor dem Untergang von Mairúwili – mit dem Problemkreis: Das Nasobem in Kunst und Musik beschäftige, und nun nach der Katastrophe wir mehr denn je auf die historischen Quellen angewiesen sind, möchte ich nicht länger meine Befunde, gleich vielen anderen, in meinem Archiv verborgen halten.

Rhinogradentia sind nämlich – wenn auch in abgeleiteten Formen der Dolichoproata – schon im Mittelalter nachweisbar. Es ist für mich nicht nur gut vorstellbar, sondern nachgeradezu zwingend zu folgern, daß bereits Marco Polo über Venedig die erste «Klarinetten-Nase» (diese Bezeichnung stammt, glaube ich von BALDAS, er verwendet sie jedenfalls in seiner 2. Auflage) oder «Clarinettonelnaso» eingeführt hat. Sehr lohnend ist überhaupt das genauere Studium der Bilder von H. BOSCH. In seinen drei Hauptwerken Heuwagentriptychon (Escorial), Jüngstes Gericht (Wien) und Versuchung des Hl. Antonius (Lissabon) finden Sie es, auffallenderweise stets in der Nähe einer Laute (nur im Purgatorium in Madrid fehlt eine Laute, und gerade bei diesem Bild soll es sich um ein Frühwerk handeln, wenn es nicht überhaupt nur eine unbeholfene Nachahmung eines Nichtwissenden ist). Dagegen ist im rechten Seitenflügel des «Garten der Lüste» wohl eine Laute abgebildet, wir finden auch (erstmalig) eine Drehleier – *hier fehlt aber interessanterweise Clarinettonelnaso.* Wenn man die unerhört lebensnahe und naturalistische Darstellungsweise des Meisters in Betracht zieht, muß man wohl annehmen, daß er längere Zeit selbst einen Clarinettonelnaso gehalten hat – und wenn wir die verstümmelten Berichte von STÜMPKE, MORGENSTERN, BLEEDKOP, MIESPOTT und anderen kritisch durchleuchten, die von Zigarrenschachteln, Leiern und dergleichen Dingen mehr in diesem Zusammenhange reden, so wird plötzlich klar, daß der Körper der Laute selbst das «Gehäuse» der kleinen Clarinettonelnasini war, und im rechten Flügel des Gartens der Lüste muß man entweder annehmen, daß Bosch sich das Tier in der Laute versteckt gedacht hat – etwa so wie ANTOINE DE SAINT-EXUPERY das Schaf in der Kiste – oder aber, daß es zu diesem Zeitpunkt nicht mehr in seinem Besitze war. Daß STÜMPKE selbst in seinem Buch Clarinettonelnaso nicht anführt, liegt wohl daran, daß diese gelehrigen und musikalischen Tiere bei seinem Eintreffen bereits ausgerottet waren – die beachtliche Anzahl von überlieferten Sätzen für Laute und Klarinette (die wahrscheinlich zu einem großen Teil als Clarinettonelnaso-Stimme geschrieben waren bzw. aufzufassen sind) spricht dafür, daß schon im Mittelalter eine große Nachfrage nach diesen Tieren geherrscht hat (Troubadours ! ! !), aber in unseren Breiten die Nachzucht nicht gelang.

Ob *Nasobema lyricum* seinen Namen wirklich zu Recht verdient, scheint mir unter den oben aufgezeigten Aspekten nicht ganz sicher? Ist doch die Leier, und auch die Drehleier, um die es sich doch bei Morgenstern gehandelt haben dürfte, für die Haltung dieser Art recht ungeeignet. Ich habe schon daran gedacht, ob Morgenstern – wenn er wirklich im Besitze eines Rhinogradentiers war, woran aber nicht allzusehr zu zweifeln sein dürfte – den Vertreter einer zur Neotenie neigenden Rasse von N. l. gehalten hat. Schutliwitzkijs Beutel-Jungen-Hypothese halte ich dagegen für sehr angreifbar, da dies ja voraussetzen würde, daß das Junge schon seinerseits wieder in seinem Beutel ein Junges gehabt haben müßte, um mit ihm gegebenenfalls einherzuschreiten. Sehr wahrscheinlich hat Morgenstern sein Nasobem (so wie schon viele vor ihm ihre Clarinettonelnasi) auch ganz einfach in seiner Laute gehalten.

Ich möchte übrigens nicht unerwähnt lassen, daß ich das von Ihnen herausgegebene Werk für die Naturwissenschaftliche Rundschau besprochen habe, und hoffe auf baldigen Abdruck!

18
Der Amphicephalus

Das mehr naturwissenschaftlich geartete Gegenstück zu den Betrachtungen Schleidt's über Hieronymus Bosch's Gestalten kam aus Kiel vom Anatomen Bargmann. Hier der Wortlaut seines Briefes vom 13. 6. 61:

Lieber Herr Steiner!
Eine rechte Labsal ist Ihr neues Werk über die Nasobeme, das ich mit Spannung gelesen habe. Alle Biologen müssen Ihnen dankbar dafür sein, daß Sie uns mit den wunderbaren Tierformen der Rhinogradentia vertraut gemacht haben, zumal sich weitere Ansätze zur Forschung bieten. Von äußerstem Interesse wäre für mich z. B. die Frage, wie es mit der Neurosekretion bei den verschiedenen Species steht. In diesem Zusammenhang möchte ich darauf hinweisen, daß uns das Studium dieses Prozesses auf die Möglichkeit hingewiesen hat, daß es früher einmal Amphikephalen gab. ENAMI und SANO haben in zahlreichen Studien dargetan, daß sich im Bereiche der Schwanzwirbelsäule von Fischen eine zweite Neurohypophyse befindet (ich verweise auf die Z. Zellforsch.). Wo eine Hypophyse ist, sollte einmal mehr gewesen sein und möglicherweise ein ganzer Kopf. Wahrscheinlich handelt es sich bei den amphikephalen Fischen um solche, die sich durch Propellerbewegung auf dem Flecke bewegen, wobei die Achse wahrscheinlich durch einen Zentralanus hindurch geht (siehe Skizze).

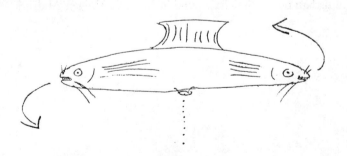

Ihr aufsehenerregendes Werk habe ich als köstliches Produkt des Südwest-Staates (und nun werde ich ernst) gelegentlich der Sitzung des Wissenschaftsrates in Berlin vor einigen Tagen Ihrem Kultusminister, Herrn STORZ, angelegentlich empfohlen. Ich versprach ihm, Sie zu bitten, Sie möchten ihm ein Exemplar zukommen lassen. Vielleicht findet sich die Möglichkeit, für Sie eine Forschungsstätte für das Sondergebiet «Rhinogradentia» zu schaffen.

Herzlichen Glückwunsch und Gruß
Ihr W. Bargmann

STEINERS Antwortbrief spinnt das angezupfte Garn weiter. Hier sein Wortlaut:

«Lieber Herr BARGMANN   26. 6. 1961 «
Über Ihren Brief habe ich mich sehr gefreut, wenngleich ich allmählich Angst kriege vor meiner Rolle des komischen Heini, der die Rhinogradentier erfunden hat! Alle Leute sprechen mich darauf an, und ich muß mich nun beeilen, möglichst bald eine überaus ernsthafte Veröffentlichung, die einigermaßen etwas taugt, herauszubringen.

Im übrigen:

Sehr verehrter Herr Kollege!

Es war für mich von allergrößter Bedeutung, was Sie mir andeutungsweise von der von Ihnen gefundenen Gruppe der Amphicephalen geschrieben haben. Ich habe unter den hinterlassenen Manuskriptfragmenten HARALD STÜMPKE's daraufhin nochmals gründlich gewühlt und nach Notizen gesucht, die über die Begleitfauna der Rhinogradentier etwas bringen. In der Veröffentlichung seiner letzten Arbeit habe ich ja nur das aufgenommen, was mir völlig gesichert erschien – die Hexapteren, die eigenartigen kleinen Landtrilobiten sowie einige blattomorphe Insekten. Wenn Sie in der Tafel II nachsehen, finden Sie hinten am Baum sitzend noch Tillinella, eine gleitflugfähige Prosobranchierschnecke mit ausgestreckten Parapodien. Auf ihre eingehende Schilderung habe ich indessen verzichtet. (Dies wurde schon auf dem Zoologentag in Tübingen vor einigen Jahren getan) (vgl. Abb. 7). Aber – wie gesagt: Unsicher erscheinende Notizen habe ich dem Manuskript nicht mehr zugefügt, da ich dadurch nicht das an sich fast druckfertige Manuskript STÜMPKE's verfälschen wollte, da dieser ausgezeichnete Mann ja selbst in seinen Aussagen stets äußerst vorsichtig und kritisch war. – Nun habe ich aber doch eine Notiz gefunden, die sich vielleicht auf die Amphicephalen bezieht:

«Im Pee-Pee-Flüßchen auf Mitadina kommt ein Fisch vor, der scheinbar Kot erbricht. Ich habe davon indessen nur ein Exemplar finden können, das eine *Duplicitas anterior* darstellte aber sich immerhin geordnet fortbewegte, wobei es das eine Kopfende nachzog. Länge 16 cm. Keine Extremitäten (!). 7 äußere Kiemenspalten. Klappmaul mit Zähnen. Fühlt sich hart an. Ich habe das Exemplar in 4 % Formaldehyd konserviert. Museumsnummer 032.557.201.»

Eine weitere Notiz:

«Nr. 032.557.008: Wurmähnliches Tier, wahrscheinlich Larve. Keine Augen. Querspalt vorn und hinten. 7 Kiemenspaltenpaare an jedem Ende (?). Dorsal Andeutung von Flossensaum. Fundort: Pee-Pee.»

Soviel ich jetzt beurteilen kann, muß es sich bei beiden Funden um Amphicephalen gehandelt haben. Von einem medioventralen Anus ist indessen nichts zu lesen. Vielmehr scheint es so gewesen zu sein, daß eine deutliche Polarität des Körpers bestand. Leider ist bei der ersten Notiz nichts darüber gesagt, ob die Duplicitas anterior Y-förmig war oder langgestreckt, doch erscheint das Zweite als wahrscheinlicher, da das letztgenannte «wurmähnliche» Tier offensichtlich nicht Y-förmig, sondern langgestreckt war. Dabei ist es äußerst wahrscheinlich, daß es sich um eine Larve des Erstgenannten handelt. Bei der von Ihnen angegebenen Form mit medioventralem Anus handelt es sich vielleicht a.) entweder um eine ursprünglichere Form, bei der die Polarität noch nicht endgültig war. Dann allerdings müßte sie schon auf einem Voragnathen-Stadium der Vertebraten sich vom übrigen Vertebratentypus getrennt haben, sozusagen als Paravertebratentypus, b.) oder – was ich für wahrscheinlicher halte – die heteroamphicephale Stufe ist die primär anzunehmende, d. h. ein Hauptkopf liegt am physiologischen Vorderende, während der Afterkopf nicht frißt, sondern das Tier ähnlich nach hinten sichert, wie etwa die Cerci als Afterfühler der Insekten zu gelten haben. Daß der

Afterkopf die komplette Einrichtung – Kiemen, Hypophyse usw.
– erhält, ist nicht so verwunderlich, wenn man bedenkt, daß die uns so homolog den Vorderextremitäten erscheinenden Hinterextremitäten der Wirbeltiere ebenfalls primär keine homologen Bildungen sind! Die Amphikephalie wäre dann von den späteren Chordaten (also schon vor dem eigentlichen Vertebratenstadium) wieder verlassen worden und hätte sich nur bei einigen wenigen Formen erhalten – auch wieder als paravertebratenartige Bildungen. Die medioventrale Afteröffnung wäre dann entweder eine Sonderbildung einer spezialisierten Gruppe mit Isoamphicephalie; oder das von Ihnen abgebildete Tier befindet sich in vegetativer Fortpflanzung: Der medioventrale After ist nur ein Zwischenstadium, und die Bildung von Hirnventrikeln, Kiementaschen usw. ist erst begonnen. – Nun ist es äußerst interessant, daß sich für die heteroamphicephale Stufe (als der meiner Meinung nach bedeutenderen) in der Kunst Zeugnisse finden – analog zu dem Fall MORGENSTERN's bezüglich der Rhinogradentier: Betrachten Sie sich die oft irre-phantastisch erscheinenden Gestalten, die sich auf den Bildern von HIERONYMUS BOSCH tummeln: Dort finden Sie eindeutig die Teufel mit dem, was ich als Analfacies bezeichnen möchte. Ich halte es für durchaus denkbar, daß es sich bei diesen Darstellungen um durchaus realistische Bilder handelt – die Holländer waren ja immer Realisten! – und daß es sich bei den Teufeln mit Hinter-Gesicht in Wirklichkeit um – deutlich polar gebaute – Amphicephalen handelt, die zu jener Zeit da und dort noch vorkamen.

Mit ganz vorzüglicher Hochachtung
bin ich Ihr sehr ergebener

Unterschrift –

PS: Der Unterschied zwischen einem ironisierenden Menschen und einem Verrückten ist der: Der Verrückte hat die Distanz zur Ironie verloren, er ist der Sklave seiner Visionen, die dem Ironiker lediglich ein munteres Spiel bedeuten.»

19

Aus dem Vorwort von P. P. Grassé
zur französischen Ausgabe *

HARALD STÜMPKE's wissenschaftliches Werk ist in der französischen Öffentlichkeit noch wenig bekannt. Das ist äußerst bedauerlich, weil es zu den bedeutendsten Erzeugnissen der Biologie der letzten dreißig Jahre gehört. Indessen können die Leser französischer Zunge endlich Zugang erhalten zu einer Menge ans Tageslicht gebrachter Kenntnisse, die wir zum größten Teil diesem bedeutenden Biologen jenseits des Rheines verdanken. Das wurde ermöglicht durch den Sinn für das Besondere, den der Verlag Masson hier bewiesen hat, sowie durch die im höchsten Maße originalgetreue Übersetzung, die Prof. Robert Weill der wertvollen Monographie über die Naslinge oder Rhinogradentier angedeihen ließ.

Seit der Erschaffung der Pataphysik durch den unvergeßlichen Dr. FAUSTROL wurde das Firmament der Wissenschaften höchstens bereichert durch die Kybernetik; aber nun entzündet sich ein Stern erster Größe nicht weit entfernt vom γ der Cassiopeia, nämlich die Patabiologie.

Zweifellos ist diese Wissenschaft nicht völlig neu. Der neugierige oder auch nur skeptische Leser wird davon Proben finden in den Verhandlungen der Societé de Biologie, ja sogar denen der Hohen Akademie der Wissenschaften der letzten fünfundzwanzig Jahre.

Es ist nicht üblich, in einem Vorwort die Geschichte der im eigentlichen Text abgehandelten Dinge vorwegzunehmen. So werden wir uns an folgende kurze, jedoch die Sache kennzeichnende Hinweise halten.

Die Entdeckung der Naslinge auf dem Heieiei-Archipel, dessen Zerstörung die Wissenschaft bedauert, ist ohne Zweifel die schönste Errungenschaft der Patabiologie. Sie hat gleichermaßen die

---

* Übersetzung durch K. G.

Biologen der Alten wie der Neuen Welt in Begeisterung und Er-
staunen versetzt.

Für die Einen hat die synthetische Evolutionstheorie in der
Anatomie und Physiologie der Naslinge offenkundige Beweise
ihrer Wohlbegründetheit erhalten. Durch einen zufälligen muta-
genen Vorgang, obzwar harmonisch und gerichtet, sollen sich mehrere Radiationen ereignet haben, beginnend mit einer insektivo-
renartigen Urform, dem Archirhinos. Günstige Mutationen erhielten sich vor allem an der Schnauzenspitze, dem Rhinarium;
indessen erlitten bei einer Reihe von Arten die Gliedmaßen und
das Hinterende tiefgreifende Umwandlungen. Gestützt auf ka-
ryologische, biometrische und statistische Daten, hat Prof. OLIVE-
REAL Dibson (aus Kansas City USA) die Zahl der Mutationen
errechnet, die der Stamm seit dem Ende des Eozän erlitten hat
(7^5 x 10^{25} = 10^{25} je Jahrtausend). (Anm.: Arbeit, erschienen nach
der Monographie über die Naslinge. DIBSON, O. R. 1959 – On
the evolution of the Nasian Mammals. Evolution, vol XV, p. 215
–410).

Auf die kleinen Populationen von sehr heterogenem Genpool
hat die Selektion bei hohem Mutationsspiegel einen um so gerin-
geren Druck ausgeübt, je kleiner die betreffende Insel war.

So erhält der Satz von SEWALL-WRIGHT, wie man versichert,
durch die Evolution der Naslinge eine noch deutlichere Bestätigung (hinsichtlich abgesonderter Inselpopulationen) als durch die
endemischen Achatinellen der Hawai-ischen Inseln oder der Par-
tula-Arten der Tahiti-Inseln.

Das Hervorbrechen aus dem ursprünglichen Nasling-Stamm erinnert an das der Rüsseltiere während des Tertiärs. Aber bei letz-
teren ergab sich recht einheitlich die Ausbildung des Gebisses, der
Stirnregion mit dem Rüssel und die elefantenartige Massigkeit des
Körpers.

Bei den Naslingen hat sich die Evolution vielseitiger und er-
giebiger gezeigt, denn es bildeten sich unerwartete Gestalten, die
auf engem Raum ein erstaunliches Bild der Makro-Evolution bieten, vergleichbar derjenigen der Beuteltiere in Australien.

Für andere Evolutionsforscher, die ebenso angesehen sind wie
die eifrigen Nachfolger Darwins, scheinen die Naslinge ganz im
Gegenteil die synthetische neodarwinistische Theorie in einen wir-

ren und schlammigen Abgrund zu stürzen, da sie ja unfähig ist, dort Anpassungen durch ein simples Würfelspiel zu erklären, wo der Erfindungsgeist der Natur funkelt.

Mit den Beweisstücken in Händen, versichern sie, daß die Statistik, durch Faktoren- und Vektorenanalyse ergänzt, nicht die Theorie halten kann, die G. G. SIMPSON so lieb ist. Die unerwartete Entdeckung der Rhinogradentier hat sie in diese üble Lage gebracht. Die von Prof. Dibson veröffentlichten Ergebnisse wären demnach tendenziös oder gar willentlich falsch.

Der berühmte Ausspruch, den einst Prof. TRIBULAT-BONHOMMET von der Höhe seines Katheders aus tat. «Die Zelle, meine Herren, tut, was sie kann, und nur das, was sie kann!» findet eine volle Bestätigung im Falle der Naslinge. Tatsächlich haben die maßgeblichen Zellen, die aus einem scheinbar so banalen und wenig morphogenen Material sind wie die der «Nase», im Wechselspiel zwischen Organismus und Umwelt Meisterwerke der Harmonie geschaffen, die den zartbesaiteten BERNARDIN DE SAINT-PIERRE ebenso vor Begeisterung hätten ohnmächtig werden lassen können wie den derben Poulton.

Indessen hat STEPHAN TRÈLUC gezeigt, daß diese Deutung platter Lamarckismus sei, im übrigen gezeichnet von einer hoffnungslosen Naivität.

Was uns betrifft, die wir die Objektivität hochhalten, so sehen wir in den Naslingen die Vertreter einer neuen Unterklasse, die eine natürliche Linie darstellen, hervorgegangen aus insektivorer Wurzel, etwa im Eozän. Einige Knöchelchen, die man vor etwa 70 Jahren in den Schichten von Cernay fand, scheinen Nasenbeine eines noch wenig abgewandelten Rhinogradentiers zu sein. (Dieser Fund wurde von H. STÜMPKE nicht berücksichtigt.) Laßt uns hoffen, daß neue paläo-patabiologische Dokumente gefunden werden, die geeignet sind, die Evolution dieser seltsamen Wesen aufzuklären! Und behalten wir einen kühlen Kopf in einer Auseinandersetzung, die durch die Leidenschaften der Parteien bis in ihre Tiefen verdorben wird!

Nach unserer reiflichen Überlegung kommt die tiefschürfende Studie, die unser bedeutender Kollege LOUIS BOUFFON der Phylogenese der Naslinge gewidmet hat, der Wahrheit sehr nahe.

Bei aller Hochachtung vor dem Werk von HARALD STÜMPKE,

glauben wir jedoch, daß der geniale Biologe eine bedauerliche Leichtfertigkeit an den Tag legt, wenn er eine so winzige und entartete Form wie Remanonasus zu den Naslingen stellt. Das Leben im Sand ergibt ohne Zweifel eine gewisse Anpassung der Formen, aber es erhält auch urtümliche Züge. So erscheint Remanonasus eher als irgendein mariner Plathelminthe denn als ein extrem entwickelter Nasling. Man muß zudem ehrlicherweise zugeben, daß er überhaupt nichts für einen Rhinogradentier Kennzeichnendes an sich hat! In der Tat muß man die Naslinge unter die Reliktformen oder lebenden Fossilien stellen, zu den Pogonophoren, Neopilina, den Opisthobranchiern mit zweiklappiger Schale oder Latimeria, deren Entdeckung zu den Ruhmesblättern der zeitgenössischen Zoologie gehört.

Das Buch von Harald Stümpke bringt schlicht neue, unzweifelhafte Fakten, es lädt den Wissenschaftler ein, über die tieferen Gründe nachzudenken, der wir die Vielfalt der Lebewesen auf unserem Planeten verdanken, ebenso über das, was letztlich die Evolution antreibt. Die Patabiologie zeigt sich hier in ihrer ganzen Herrlichkeit.

Zum Schluß jedoch, Biologe, mein guter Freund, bedenke, daß die am besten beschriebenen Tatsachen nicht immer die wahrsten sind!

20
Aus der Besprechung von G. G. SIMPSON
(Science 140; 626 [1963]) *

Das aufregendste zoologische Ereignis bis jetzt im 20ten Jahrhundert: Die Entdeckung der Rhinogradentia, einer Säugetierordnung mit nicht weniger als 15 Familien, 26 Gattungen und 138 Arten, entsprechend STÜMPKE's etwas zu stark aufgespaltener Klassifizierung. Sie ist der Gegenstand der Monographie

* Übersetzung durch K. G.

Anatomie et Biologie des Rhinogrades von HARALD STÜMPKE. Obwohl die Entdeckung 1941 (oder vielleicht sogar schon 1894) gemacht wurde und Gegenstand einer beachtlichen ausländischen Literatur ist, wurde sie von Amerikanischen Taxonomen erstaunlich wenig beachtet. Diese Unterlassung kann teilweise erklärt werden dadurch, daß Stümpkes bedeutende Monographie erst kürzlich und auf Deutsch veröffentlicht wurde. Die vorliegende französische Übersetzung wird dem Mangel etwas abhelfen, aber eine weitere Übersetzung ins Russische oder vielleicht sogar ins Englische wäre wünschenswert. Die französische Übersetzung durch Robert Weill ist alles in allem wohl gelungen und enthält ein neues Vorwort von einem gewissen P. P. oder PIERRE P. GRASSÉ[1] und dazu das Original-Nachwort von GÉROLF STEINER, der anscheinend dem verstorbenen HARALD STÜMPKE sehr nahe stand – so etwas wie ein Alter Ego.

Die erste mutmaßliche Erwähnung eines Rhinogradentiers findet sich in einem Gedicht von Christian Morgenstern, vermutlich aus dem Jahre 1894, jedoch 1905 veröffentlicht. Obwohl die Seiten der *Science* selten derartige Poesie enthalten, ist das Gedicht doch so kennzeichnend, daß ich eine freie Übersetzung folgen lasse[2]. vgl. S. 113

Wie STÜMPKE ausführt, ahmen diese Verse nicht nur anschaulich den schwankenden Gang des Tieres nach, sondern kennzeichnen die Art unmißverständlich: Es ist *Nasobema lyricum* (vgl. Abbildung). Obwohl die Eigentümlichkeit, auf der Nase zu schreiten, oder bei dieser Art auf vier Nasen, den Dichter inspiriert und der ganzen Ordnung den Namen gegeben hat, ist diese Eigentümlichkeit keinesfalls allen Mitgliedern der Gruppe gemeinsam. Sie ist am besten ausgebildet bei den Tetrarrhinida (zu denen Nasobema gehört) und, in völlig anderer Weise, bei einigen – jedoch nicht allen – *Hopsorhinida*. Die unvergleichliche adaptive Radiation anderer Formen ist äußerst verschiedenartig, und manche von ihnen sind, in gewisser Beziehung, fast mit Blumen zu verwechseln – z. B. *Corbulonasus* in Nasenansicht (vgl. Abb.); andere könnte man mit Plattwürmern verwechseln (z. B. *Remanonasus* in jeder Hinsicht). So sagt denn auch GRASSÉ, es sei ein Plathelminthe, irrt dabei jedoch offensichtlich[4]. Es gibt aber noch andere bemerkenswerte Beispiele adaptiver Konvergenz, aber manche Arten sind nicht nur innerhalb der Säugetiere, sondern überhaupt innerhalb der Tiere einmalig angepaßt. Ich erwähne nur Rhinochilopus musicus, dessen Nasal-Organ buchstäblich ein Organum, eine Orgel, ist: Ein gezähmtes Individuum lernte damit zwei Bach'sche Orgelfugen zu spielen, allerdings mit nicht zugehörigem Tremolo.

Die Kon- und Divergenzen sowie der Reichtum an Arten sind völlig durch die synthetische Evolutionstheorie[5] zu erklären im Zusammenhang mit der Tatsache, daß die Rhinogradentier sich auf einem entlegenen Archipel, den Heieieieilanden, entwickelt haben. Ihr Vorfahre war so etwas wie eine Spitzmaus, die einzige, die bis weit hinaus in den Pazifik gelangt ist. Dort traf er nicht nur ökologische Nischen, sondern geradezu gähnende ökologische Höhlen, und seine Nachfahren füllten sie mit ausufernder Üppigkeit. Man möchte geradezu sagen: «Galápagos» oder «Drepaniidae».

STÜMPKE's anatomische Angaben sind ungleich, ins einzelne gehend für manche Arten, lückenhaft für andere. Seine Berichte über Verhalten und Ökologie sind indessen so vollständig wie möglich und richtige Muster ihrer Art. Fünfzehn Tafeln und zwölf Textabbildungen geben die Tiere im Leben und einige kennzeichnende Genera auch in anatomischen Darstellungen wieder. Diese Illustrationen sind im allgemeinen genau, mit Ausnahme von Abb. 9, die vier Klauen[8] am Schwanz einer Art (Phyllohopla bambola) zeigt, die der einzige Hopsorhinide ist, der keinen Schwanz mit Klauen hat. Eine Karte der Hi-Iay (oder auf Französisch Aïeaïeaïes) ist vorhanden, ebenso eine Bibliographie mit Ausnahme einer unverständlichen Auslassung, auf die weiter unten eingegangen wird. Kein Register.

Es ist Sitte, wenn nicht sogar Pflicht, für einen Referenten darauf hinzuweisen, daß er über die Sache mehr weiß als der Verfasser, und daß das Buch besser geworden wäre, wenn er, der Referent, sich die Zeit von noch wichtigeren Vorhaben abgezwackt hätte, um das Buch selber zu schreiben. So muß ich denn einige Mängel erwähnen. Einige von Stümpke's Familiennamen (z. B. nur Rhinostelidae) sind geradezu verbrecherische Verletzungen der internationalen zoologischen Nomenklaturregeln. In dem Buch findet sich kein einziges Beispiel von rotierter Matrix oder

Erwähnung einer ternären Nomenklatur. Seine Taxonomie ist in peinlicher Weise phylogenetisch und ausnehmend altmodisch, ohne sich um die Prinzipien von Adanson (1727–1806) zu kümmern. Am schlimmsten von allem ist vielleicht die unentschuldbare Unterlassung, die wenigen, jedoch wertvollen Amerikanischen rhinogradentiologischen Untersuchungen zu zitieren. Grassé's neues Vorwort erwähnt zwar «Olive-Real (Druckfehler für Olive-Earl) Dibson (de Kansas City USA)» und «G. G. Simpson» (ohne Adressenangabe), Letztgenannter offenbar ein erfundener Name in der Absicht, Dibson lächerlich zu machen. Im übrigen ist die französische Ausgabe dadurch belastet, daß sie die von Bouffon vorgeschlagenen Vulgärnamen einführt.

Ich habe dies ein bedeutendes, abschließendes Werk genannt. Das ist es nun leider im wörtlichen Sinne. Ein leichter Rechenfehler, der jedermann unterlaufen kann, führte zur völligen Vernichtung der Heieieieilande bei einem kürzlich unternommenen Atombombentest. Die Katastrophe zerstörte nicht nur die letzten lebenden Rhinogradentier und das wissenschaftliche Material, das natürlich behütet wurde im Darwin-Institut zu Mairuwili, als Nationalheiligtümer, sondern auch die ganze europäische Forschergruppe, die auf Mairuwili damals arbeitete. Ihresgleichen werden wir also kaum mehr auch nur versuchen zu sehen.

Grassé's Vorwort schließt mit einem anmutigen Aphorismus: «Biologist, mon bon ami, souviens-toi que les faits les mieux décrits ne sont pas toujours les plus vrais.» So beschränke ich mich zum Schluß, eine speziellere Gruppe von Biologen anzusprechen, die Erforscher extraterrestrischen Lebens: Dies Werk, von brennendem Interesse für alle, bedeutet vor allem viel für Sie, zumal wegen seiner den Ihren verwandten Perspektiven und Methoden.[7]

Hinweise und Anmerkungen (von G. G. Simpson)

[1] Dieser Grassé bezeichnet sich selbst als «Membre de l'Institut» sagt jedoch nicht, welches Institut. Die Art, die Sache anzupacken, macht es unwahrscheinlich, daß er Mitglied des Instituts de Bordeaux et de l'Univers de Rhinogradologie ist.

[2] Man muß hier berücksichtigen, daß dies eine Übersetzung der französischen Übersetzung und nicht des Originalgedichtes ist. Eine deutsche Über-

setzung der englischen Übersetzung der französischen Übersetzung soll in meinem Institut vorbereitet werden, sobald wir dafür neue Mittel bewilligt bekommen.

[3] Diejenigen, die eine hiervon verschiedene falsche Aussprache von «Brehm» lieber haben, können stattdessen die folgende Zeile einsetzen: «No reference work cites ‹Nasobeme›.» Die Verwendung der französischen Form «Nasobème» erlaubt diese Ersatzzeile mit einer dritten falschen Aussprache zu reimen.

[4] Es ist nicht richtig, ein Säugetier als Plattwurm zu bezeichnen, nur weil es sein Gesäuge verloren hat.

[5] Friede mit GRASSÉ, wenn ich so sagen darf.

[6] L. Bouffon, der Senior-Autor zahlreicher rhinogradentologischer Werke seiner Studenten. Nicht zu verwechseln mit G. L. L. de Buffon, einem früheren Patabiologen, der jedoch kein Rhinogradentologe war.

[7] Die Fertigstellung dieses Referates wurde angemessen unterstützt durch die Bewilligung Nr. 034-62B durch das Institut de Bordeaux et de l'Univers de Rhinogradologie (IBUR) und durch den Vertrag Nr. 3.141.593 seitens der Nasobeme and Supraterrestrial Agency (NASA).

Anmerkung zu Anmerkung 1: «Institut» bedeutet – nun im Ernst! – Institut de France, zu dem u. a. auch die Académie Française gehört. Grassé ist innerhalb des Institut de France Mitglied der Académie des Sciences. Bedeutsam, daß G. G. SIMPSON ein hervorragender Vertreter der synthetischen Evolutionstheorie ist, während GRASSÉ hiervon nicht viel hält. So «frotzelten» sich die beiden Forscher gegenseitig an, wobei nicht zu befürchten stand, daß der eine oder andere ernstlich übelnahm. – K. G.

Anmerkung 8: Hier irrt SIMPSON; denn es handelt sich da nicht um synchaetale Klauen wie bei den eigentlichen Hopsorrhiniden, sondern um einfache, starke Borsten. (Als «synchaetal» werden hier Bildungen bezeichnet, die – ähnlich wie Rhinoceroshorn – vermutlich aus verwachsenen Haaren zustandekommen.) K. G.

21

Ein Brief aus (dem) Paradis

Diesen Brief von Prof. VON UBISCH, *dem bekannten Entwicklungsphysiologen (wohnhaft in Paradis, Norwegen), übergab mir* STEINER *nicht wegen des durch ihn gespendeten Lobes, sondern weil v. U. vielleicht am genauesten erkennt, welche Absichten und welche Mittel, sie auszudrücken, hinter seinem Büchlein stehen. Zudem zeigt er die umfassende humanitas des Beurteilers. Hier der Wortlaut des Briefes:*

«Sehr geehrter Herr Kollege STEINER! 5. 1. 62

Auf die Voranzeige des Verlages hin hatte ich mir die »Rhinogradentia» sofort kommen lassen, da MORGENSTERN meine besondere Liebe gilt und ich das «Nasobem» gern und oft zitiere.
Zu Weihnachten hat mir dann noch dazu Kosswig ein Exemplar
geschickt, das ich nun an Freund BALTZER, Bern, weiter-senden
werde.

Die «Rhinogradentia» haben meine Erwartungen, was Inhalt
und Abbildungen anbetrifft, weit übertroffen und ich gratuliere
Ihnen herzlich zu diesem gelungenen Unternehmen. Sie haben viel
Witz auf die Sache verwendet und die Phantasie, mit der sie die
verschiedenen funktionellen Abwandlungen und Anpassungen
beschrieben haben, ist beneidenswert. Besonderen Spaß macht mir
die Persiflage der selbstbewußten und todernsten Art der Wissenschaftler, ihre Hypothesen zu erläutern und sich selbst dabei ungeheuer wichtig und gelehrt vorzukommen.

Darüber hinaus ist Ihr Büchlein ein welthistorisches Unicum.
Alle Völker aller Zeiten haben Phantasietiere geschaffen, aber
völlig ausnahmslos, soweit mir bekannt, handelt es sich immer
nur um Chimären aus zwei bekannten Organismen, etwa Löwen
mit Vogelflügeln oder Centauren etc. Bei Ihnen ist zum ersten
Mal wirklich etwas ganz Neues entstanden und konsequent
durchgeführt. Die Erklärung scheint mir folgende zu sein: Alle
früheren Chimärenschöpfer gehen vom Objekt aus, also bestehenden Tieren, und pfropfen aufeinander. Sie aber gingen von
etwas Immateriellem aus, nämlich einem Wortspiel eines Dichters.
Aus dem Wortspiel Morgensterns ergab sich eine Idee und Ideen
können wirklich etwas Neues bringen. Und Sie haben eben die
immaterielle Idee materialisiert. Fein!

In einem wesentlichen Punkt bin ich allerdings uneins mit Ihnen. Sind Sie wirklich der Meinung, daß MORGENSTERN gemeint
habe, das Nasobem ginge auf seiner eigenen Nase resp. Nasen?
Ich glaube das nicht. Das «seinen» bezieht sich meiner Meinung
nach bei Morgenstern auf irgendeinen Menschen, auf dessen Nase
das Nasobem schreitet. Vielleicht hat MORGENSTERN beobachtet,
wie auf der Nase eines schlafenden Gegenübers eine Fliege und
hinter ihr eine kleinere solche krabbelte. Sie werden dagegen ein-
wenden, daß Morgenstern dann geschrieben haben müßte: «Auf

seiner Nase». Mir scheint aber der poetische Plural, der so viel amüsanter klingt, durchaus der Morgenstern'schen Wortform zu entsprechen. Diese literarhistorische Frage ist natürlich an sich belanglos und wenn Sie wirklich geirrt haben, so ist es ja das reine Glück, denn sonst wären Sie vielleicht nicht zu Ihrer Konzeption gekommen.

Ich glaube, Ihre Phantasie benötigt keine Hilfeleistungen. Aber könnten Sie nicht einmal eine Abhandlung über die beiden verschiedenen Arten der Centauren mit den antiken Originalabbildungen schreiben? Zum Studium empfehle ich besonders Paestum. Die eine Art ist nämlich von menschlicher Prävalenz, die andere von pferdlicher. Das können sie daraus ersehen, daß bei der ersteren die Geschlechtsorgane zwischen den (Pferde-)Vorderbeinen liegen und menschlicher Konfiguration sind. Bei der anderen Art fehlen Geschlechtsorgane an der genannten Stelle und es sind dafür Pferde-Geschlechtsorgane zwischen den Hinterbeinen vorhanden. Wie es freilich mit den Weibchen beider Art ist, weiß ich nicht. Ich kann mich nicht an Darstellungen weiblicher Centauren erinnern. Was bei der Kreuzung herauskommen würde, ist mir daher unbekannt. Vielleicht weiß es KOSSWIG. Nochmals mit herzlichem Dank für das bereitete Vergnügen und dem Wunsch, daß Ihre «Rhinogradentia» ein großer Erfolg sein möchten.

Mit freundlichen Grüßen! v. UBISCH»

Zu dem zuletzt angesprochenen Thema erklärte mir STEINER daß er sich schon seit 1948 mit der Frage der Tierchimären befaßt und in einem öfters gehaltenen Kolleg über das Tierbild bei den verschiedenen Völkern und zu verschiedenen Zeiten auch regelmäßig die Tierchimären behandelt habe (vgl. auch S. 24 ff.). Soweit ihm bekannt, seien die von Ubisch genannten «Centauren menschlicher Prävalenz» die älteren Darstellungen, die uns geläufigeren, mehr pferdlichen die jüngeren. Daß beide Abwandlungen jedenfalls ursprünglich auf vorhellenische Mittelmeervölker zurückgingen, die zu Ende des zweiten vorchristlichen Jahrtausends recht plötzlich unliebsame Bekanntschaft mit von Norden oder Osten hereinbrechenden Reitervölkern machten, sei verständlich: Noch im Trojanischen Krieg sei nur von Streitwagenkämpfern, jedoch nicht von berittenen Kriegern die Rede. Die fremden, wilden Reiter wirkten also zunächst wie Doppelwesen, die zu den sagenhaften Kentauren verdichtet wurden. Psychologisch rätselhaft bleibt hierbei nach wie vor, wieso man sie zunächst wie Menschen darstellte, aus deren Kreuz ein Pferdehinterleib herauswächst, und später wie Pferde, deren Hals sich in einen Menschenunterleib und darüber in Brust usw. fortsetzt. Vielleicht wirkt die zweite Fassung wuchtiger und entspricht deshalb mehr dem auch sonst bei uns geltenden «Gesetz der Prägnanz».

22
Gibt es noch überlebende Rhinogradentia?

Hierzu bekam STEINER *einige Zuschriften, allerdings meist laienhaft fabulierender Art, die deshalb auch nicht hier vorgestellt zu werden brauchen. Eine ernsthaftere Äußerung kam jedoch von dem bekannten Berliner Zoologen Konrad* HERTER. *Der bedeutsamste Teil seines diesbezüglichen Briefes vom 31. 7. 62 folgt hier im Wortlaut:*

«Herr STÜMPKE vermutet (S. 11), daß die Naslinge von primitiven Insektenfressern abzuleiten seien. Nun habe ich mich bekanntlich viel mit Insektivoren (besonders Igeln) befaßt. In letzter Zeit hatte ich das Glück, auch «primitive» Insektenfresser untersuchen zu können, nämlich Borstenigel (Tenrecinae) von Madagaskar. Dabei fiel mir auf, daß die Streifentanreks (Hemicentetes semispinosus) habituell große Ähnlichkeit mit den Naslingen haben (s. meine Arbeit in den Sitzungsber. d. Ges. Naturforsch. Freunde Band 2, Heft 1, S. 11 ff.). Wenn Sie meine Abbildungen mit STÜMPKE's Tafel II vergleichen, brauchen Sie sich bei dem Archirrhinos nur den Schwanz weg- und die Bestachelung zu-zudenken, um einen Hemicentetes zu bekommen. Die Nase hat allerdings – noch oder wieder – eine andere Funktion und einen entsprechend anderen inneren Bau. Daß bei Hemicentetes der Schwanz fehlt, kann kaum stören, da er bei den Rhinogradentia morphologisch und funktionell sehr variabel – und bei einigen Formen stark reduziert – ist. Aufstellbare Borstenkränze findet man bei STÜMPKE's Rhinotalpa (Abb. 7); die Tendenz, Borsten oder Stacheln auszubilden, ist also bei den Rhinogradentia vorhanden. Man kann daher wohl die Hypothese aufstellen, daß die Borstenigel – vor allem Hemicentetes – mit den Stammformen der Rhinogradientia mehr oder weniger nahe verwandt sind. Demnach leben noch heute auf Madagaskar (und in Berlin-Steglitz, Wrangelstraße 5) «Nasobeme».»

Die Argumente HERTER's, daß die Tenrecinae den ursprünglichen Rhinogradentia nahestehen könnten, bestechen auf den ersten Blick unbedingt. Auch Madagaskar als ihre Heimat paßt, da auch dieser inselartige «Kleinkontinent» eine Scholle des Gondwanakontinentes ist, zudem mit einer in vieler Hinsicht altertümlichen Fauna und Flora. Leider ist der Verfasser dieser Analyse nicht genügend Fachmann auf dem Gebiet der primitiven Insektivoren, und die eigentlichen Rhinogradentiologen sind bekanntlich einer Katastrophe zum Opfer gefallen. Auf eine Schwierigkeit sei jedoch hingewiesen:

Wie STÜMPKE schreibt, ist es für die Rhinogradentia, besonders eben auch für deren ursprünglichste Vertreter, bezeichnend, daß ihre Schwänze noch eine metamere Muskulatur enthalten, die bei allen anderen rezenten Säugetieren – sogar bei den äußerlich fischähnlichen Walen – fehlt. Unglücklicherweise – so muß man schon sagen! – sind nun die Tanreks schwanzlos oder haben nur noch einen sehr verkümmerten Schwanz, bei dem dies entscheidende Merkmal für eine nähere Verwandtschaft mit den Rhinogradentia nicht mehr nachzuweisen ist. Es läßt sich also nicht mehr entscheiden, ob die Tanreks entweder den Vorformen der Rhinogradentia nahestehen oder gar nasenregressive Archirrhiniformes sind, wie HERTER vermutet, oder – die hier nur zögernd gebrachte dritte Möglichkeit – als verhältnismäßig moderne insektivore Säugetiere mit den Rhinogradentia nicht näher verwandt sind.

23

Sprachliches

«Das Nasobem» von CHRISTIAN MORGENSTERN, von dem der ganze Spaß seinen Ausgang nahm, wurde im Zusammenhang mit der Übersetzung der «Rhinogradentia» dreimal übersetzt: 1. durch ROBERT WEILL ins Französische, 2. durch G. G. SIMPSON aus der Weillschen Übersetzung ins Englische und 3. durch L. CHADWICK aus dem Deutschen ins Englische – ein gutes Beispiel dafür, wie frei man gegebenenfalls solch Gedicht übertragen muß, und, wie die doppelte Übertragung es doch recht stark verfremdet.

Original: Das Nasobēm

Auf seinen Nasen schreitet
einher das Nasobēm,
von seinem Kind begleitet.
Es steht noch nicht im Brehm.
Es steht noch nicht im Meyer.
Und auch im Brockhaus nicht.
Es trat aus meiner Leyer
zum ersten Mal ans Licht.
Auf seinen Nasen schreitet
(wie schon gesagt) seitdem,
von seinem Kind begleitet,
einher das Nasobem.

1.
Marchant dressé sur ses narines,
Le Nasobème a fière mine,
Son rejeton à ses côtés.
Vous ne le trouverez cité
Ni dans le Brehm, ni le Mayer,
Ni aucun autre dictionnaire.
C'est par ma lyre que d'abord
Il vit le jour. Et depuis lors

Son rejeton à ses côtés
(Ainsi qu'il vient d'être indiqué)
Marchant dressé sur ses narines
Le Nasobème a fière mine.

2.

Behold the prideful walk-on-nose,
The nasobeme with nasal toes;
Behold also his handsome pup.
'Tis true you cannot look him up:
He figures not in Mayer or Brehm;
No reference work contains his name (3).
In this my song he makes his bow
To all of you, and that is how
At last you can, complete with pup
(As I have mentioned farther up),
Behold the prideful walk-on-nose,
The nasobeme with nasal toes.

3.

Along on its probosces
there goes the nasobame
accompanied by its young one.
It is not found in Brehm,
It is not found in Meyer,
Nor in the Brockhaus anywhere.
'Twas only through my lyre
we knew it had been there.
Thenceforth on its probosces
(above I've said the same)
accompanied by its offspring
there goes the nasobame.

Erläuterungen von Einzelheiten

A. Die einzelnen Tafeln

I. *Karte der Inseln:* Angenommen ist der über dem Meeresspiegel verbliebene Rest eines Faltengebirges, das einer Gondwanaland-Scholle zugehören könnte – ähnlich den Seychellen oder Neuseeland. Davor gen Osten, der Passatströmung zugewandt, ein Barriereriff mit drei Atollen. Die Bezeichnungen Lautengako und Launanoia sind polynesisch, die übrigen bayrisch (wenn man die englische Schreibweise entsprechend verdeutscht liest).

II. *Archirrhinos* (Urnasling): Neben dem so genannten Tierchen sind auf dem Bild dargestellt: Vorn links eine Landlungenschnecke mit stark verkleinertem Gehäuse. Am hinteren Stamm Tillinella farfalloides, eine Land-Prosobranchierschnecke mit entfaltbaren Parapodien. Das Tier weidet Algen und Flechten auf Bäumen und kann sodann als Gleitflieger zum Boden zurückschweben. Sein Name zu Ehren von Tilli Ankel, der Gattin von W. E. Ankel. (vgl. Abb. 6, S. 70)

III. *Rhinolimaceus* (Schneckennase): Die Beschuppung entsprechend Manis. Bekanntlich schlagen die Schuppentiere auch ihren Schwanz schützend um sich, wenn sie ruhen.

IV. *Emunctator* (Schneuzender Schniefling): Der Zeichner hat beim Entwerfen der Köpfe dieser Tierchen eifrig in den Spiegel grimassiert. Von oben hängt ein Zweig ins Bild; er ist durch seine Dichotomie gekennzeichnet und gehört zu einem baumförmigen Nacktfarn (Psilophyten). An ihm ein Hexapter.

V. *Dulcicauda (Honigschwanz):* Das Tier hält ein blattoides (schabenartiges) Insekt in Händen, das offensichtlich auf Heieiei die Nische der Schmetterlinge besetzt. Ein ähnlich geartetes Hexapter (Sechsflügler) mit schon stark reduziertem ersten Flügelpaar strebt zum Lockschleim des Schwanzes.

VI. *Hopsorhinus* (Nasenhopf): Einen Einsiedlerkrebs verzehrend, während der Schwanz nach einem Talitrus (Flohkrebs) greift.

VII. *Columnifax* (Säulennase): Das Bild wurde schon wegen scheinbarer Anthropomorphie beanstandet.

VIII. *Otopteryx* (Flugohr): An der Abbildung ist die zu geringe Hervorhebung der Ohrensenker am Kopf fehlerhaft. Rechts unten eine Eintagsfliege.

IX. *Orchidiopsis* (Orchideennasling): Der Hautkamm auf dem Kopf wird durch einen Knorpel gestützt, der vom Parietale und Frontale ausgeht. Hautkämme sind bei Säugetieren (im Gegensatz zu den Verhältnissen bei Reptilien und Vögeln) selten, jedoch nicht sonderbarer als die Hörner und Geweihe der Wiederkäuer. Das Hexapter rechts oben zeigt einige urtümliche Merkmale: Paranota an den Abdominalsegmenten sowie Cerci. Seine Larve – rechts unten – mit kleinen Flügelknospen weist darauf hin, daß es sich um ein Insekt mit unvollkommener Verwandlung handelt. Die Tiere befinden sich auf Zweigen einer baumförmigen Ranunculacee (Hahnenfußgewächs).

X. *Nasobema* (Nasobem, Nasenschreiter): Der Schwanz ist im ungeblähten Zustand platt. Man beachte das allometrische Wachstum der Extremitäten! Das Jungtier hat noch verhältnismäßig längere Hinterbeine als seine Mutter. Rechts im Vordergrund eine Zwergagame, deren Schädelbau jedoch gewisse Ähnlichkeiten zu dem der südamerikanischen Leguane zeigt.

XI. *Tyrannonasus* (Raubnase): Im Hintergrund ein Neolepidodendron (Schuppenbaum) sowie eine für den Archipel kennzeichnende Farnstaude unbestimmter Art.

XII. *Eledonopsis* (Förderbandnasling): Man beachte neben der durchaus modernen Fliege (auf dem Pilz rechts sitzend) die sehr urtümliche Wanze (noch mit Cerci!) sowie die für den Archipel kennzeichnenden Landtrilobiten, die mit den Grundgliedern ihrer Beine Pilzmycelien zusammenfegen. (Ein Beispiel dafür, wie sich urtümliche Organisation erhalten kann, wenn sie an spezielle Nischen angepaßt wird, vergleichbar den Ameisenigeln Australiens und Neuguineas.) Vorn am Boden eine Hexapterenlarve. Oben links kleine Psilophyten (Nacktfarne) und Schachtelhalme. Unten im Vordergrund eine Landplanarie.

XIII. *Ranunculonasus* (Trollblumennase): Ziemlich trockener Biotop an der Grenze der Trockenrasen. Neben Hahnenfußgewächsen auch Kompositen und (nicht blühend) Mesembryanthemum sp.

XIV. *Corbulonasus* (Nasenblümchen): Oben zwei Schmetterlings-Schaben (vgl. V.). Unten, vorn links eine Schabenwanze (vgl. XII.), die sich von den kotfressenden Käfern (in der Mitte, vorn) ernährt.

XV. *Mamontops* (Zottelnase): In der Luft ein libellenjagender Otopteryx. Man beachte den Haarstrich bei Mamontops!

B. Im Text erwähnte Namen

S. 12 PIKE, englischer Zoologe, zuletzt tätig in Wellington N. S.

S. 24 HEALEY, G. E., englischer Zoologe, London.

S. 18 ANKELELLA, nach W. E. ANKEL, Zoologe, zuletzt Gießen.

S. 19 u. 29 FRITSCH, Zoologe, Darmstadt u. Gießen.

S. 32 ALTEVOGT, Zoologe, Münster.

S. 35 PINOCCHIO, Märchenfigur Collodi's, ein Kasperle mit langer Nase.

S. 52 ANKEL vgl. S. 65 (GEESTE).

S. 54 MIDDLESTEAD = MITTELSTAEDT, H., Zoologe, MPI Seewiesen.

S. 54 HUSSENSTINE = HASSENSTEIN, B. Zoologe, Freiburg.

S. 64 SCHALLER, E. Zoologe, Wien.

C. Die Verfassernamen des Literaturverzeichnisses

Der Umfang von Literaturverzeichnissen richtet sich 1. danach, ob es sich um eine experimentielle oder eine zusammenfassende Arbeit handelt, 2. danach, ob und was der Verfasser zur Sache gelesen hat, 3. ob und was der Verfasser zwar nicht gelesen hat, jedoch zur Auffüllung seiner wissenschaftlichen Tiefgründigkeit angibt. Im vorliegenden Fall wäre das Werkchen unvollständig geblieben ohne ein angemessenes Literaturverzeichnis, zumal es sich ja um eine zusammenfassende Arbeit handelt, die auf «eingehendem» Literaturstudium ruht. So schien ein Verzeichnis des einschlägigen Schrifttums von etwa 50 Titeln angemessen. Weniger wäre unwissenschaftlich, mehr bei der Dünne des Büchleins überzogen gewesen. Aber woher die Autoren nehmen?

Numeriert man die einzelnen Titel durch, so erkennt der aufmerksame und kundige Leser, daß 5; 21; 28; 34; 35; 37; 43 und 44 reelle Namen, also die von wirklichen Menschen, sind. BÖKER (5) war Anatom und Zoologe und schrieb ein sehr lesenswertes Buch über funktionelle Morphologie, dessen lamarckistische Deutungen man übergehen kann, ohne daß der Wert des übrigen Inhalts des Buches dadurch gemindert wird. BUCHNER (21), weiland Ordinarius für Zoologie in Breslau, hinterließ ein umfassendes Werk über die Endosymbiose von Mikroorganismen vorwiegend in Insekten. Seine ausschließlich morphologischen Arbeiten sind noch auf lange Zeit eine Fundgrube für moderne Mikrobiologen und Molekularbiologen, da hier Grenzgebiete zwischen Symbiose und Zellorganellenforschung berührt werden, die zu beackern sich sicher lohnt. (Nebenbei: Seine italienische Frau – eine stolze Venezianerin – war eine ausgezeichnete Malerin.) GRUHLE (28), Neurologe und Psychiater, vormals Heidelberg, dann Bonn, ein hervorragender Vertreter der verstehenden Psychiatrie der nicht-spekulativen Richtung, zudem ein vortrefflicher akademischer Lehrer. LUDWIG (34), Zoologe, zuletzt in Heidelberg, Statistiker und Genetiker. MORGENSTERN (37), der bekannte Verfasser der «Galgenlieder» und anderer geistreicher Gedichte, in denen er teils formal-sprachliche Späße, teils tiefergründige (z. T. literaturkritische) Scherze für nachdenkliche Leser bietet. REMANE (43), Zoologe, zuletzt in Kiel, hervorragender Morphologe, begabt mit einem fast unvorstellbar leistungsfähigen Gedächtnis und entsprechenden Kenntnissen, die ihm einen überlegenen Überblick über die Vielfalt der tierischen Erscheinung ermöglichten. Stark verhaftet dem formalen Ordnungsbestreben der Haeckel-Generation, bekannter Evolutionsforscher. RENSCH (44) zuletzt Ordinarius in Münster, ursprünglich Systematiker und Evolutionsforscher, dann Tierpsychologe. Bekannt geworden vor allem durch seine Theorie der Rassenkreise, seine Auffassungen über die transspezifische Evolution, die Arbeiten über das Gestalterkennungsvermögen der Wirbeltiere und das Lernvermögen in Abhängigkeit von der morphologischen Hirnkapazität.

(Daneben feinsinniger Kenner ostasiatischer Kunst, kenntnisreicher Beurteiler moderner Kunstrichtungen, selbst Maler.) –

Diese sieben Autoren, der Qualität nach zwar schwerwiegend, hätten indessen nicht für ein angemessen umfangreiches Literaturverzeichnis ausgereicht. Weniger Bedeutende sollten nicht aufscheinen. Solche, die zur Sache nichts hätten bieten können, natürlich auch nicht. Deshalb wurde der Rest hinzuerfunden. Dabei ergaben sich zunächst noch ein paar «Entstellungen»: BEILIG (2), richtig: BIELIG, Biochemiker, langjähriger Herausgeber von Liebigs Annalen, Bekannter des Verf. Er arbeitete u. a. über vanadiumhaltige organische Verbindungen im Blut von Holothurien. HYDERITSCH (30), richtig: HEYDENREICH, Zoologe und Filmregisseur, Freund d. Verf. NAQUEDAI, Br. B. (39) richtig: BRIGITTE B., Filmschauspielerin, bekannt geworden dadurch, daß sie häufig sehr spärlich bekleidet ihre Rollen spielte. STÜMPKE (52), Namenserklärung a. a. O. Titel und Bibliographie entspricht manchen äußerst umständlichen solchen Angaben. TASSINO DI CAMPO TASSI (53) wörtliche italienische Übersetzung von EIBL VON EIBESFELD. Bekannter Ethologe und Schüler von KONRAD LORENZ, Bekannter des Verf.

Die restlichen Verfassernamen sind frei erfunden. Hierbei sind unterschiedliche Sprachen bemüht worden:

ASTEIDES (1): Asteios, neugriechisch, = spaßig.

BITBRAIN (3): englisch, = mit kleinem Hirn.

BLEEDKOOP (4): Dummkopf.

BOUFFON (6 ff.): Graf Buffon, der berühmte französische Zoologe des 18ten Jahrhunderts, entstellt in Bouffon = Spaßmacher.

GAUKARI-SUDUR (8): baskisch, = Nachtwächtersnase.

IRRI-EGINGARRI (9): baskisch, = Spaßmacher.

LO-IBILATZE SUDUR (10): baskisch, = schläfrige Laufnase.

ZAPARTEGINGARRI (12): baskisch, = Zum Herausplatzen lustig.

HARROKERRIA (29): baskisch, = Hochnäsigkeit.

IZECHA (31): baskisch, = albern.

SCHPRIMARSCH (11): tschechisch šprymař, = Spaßmacher.

BROMEANTE DE BURLAS Y TONTERIAS (13): spanisch, = Scherzender von den Spöttereien und Albernheiten.

COMBINATORE (22): italienisch, = Deutler.

D'EPP (23): bayrisch, = Depp.

FREDDURISTA (26): italienisch, = Witzbold.

PERISCHERZI (26): italienisch per gli scherzi, = für die Späße.

JERKER (32): englisch, = Verhöhner.

CELIAZZINI (32): italienisch, = Spaßmacher.

JESTER (33): englisch, = Spötter.

PETTERSON-SKÄMTKVIST (40): schwedisch. Der Name Petterson ist in Schweden häufiger als in Deutschland die Namen Meier oder Müller. Deshalb nehmen seine Träger, um Verwechslungen zu vermeiden, häufig einen zweiten Namen hinzu (vgl. Mayer-Meier und Müller-Girmadingen, 36 u. 38). Namen mit -kvist (= Zweig) sind im Schwedischen ebenfalls häufig. Skämt = Spaß. Lilleby, wörtlich «Kleindorf», hat im Schwedischen etwa die Bedeutung von Trippsdrill oder Schilda.

SCHUTLIWITZKIJ (45): russisch heißt Schut etwa soviel wie Witzbold oder Possenreißer.

SHIRIN TAFARUJ (46): farsi, etwa Spaßmacher.

SPUTALAVE (48): italienisch, = Lavaspucker.

PILTDOWN univ.press (51) weist auf den Piltdownmenschen-Schwindel hin, einen paläontologischen Scherz, der jahrelang ernstgenommen wurde. WEINER entlarvte ihn dann: Mittelalterliche Menschen-Schädelkalotte + künstlich «auf alt renovierter» Schimpansenunterkiefer.

STULTEN (49): Wie in Deutschland, latinisierte man in Schweden im 16ten und 17ten Jahrhundert häufig seinen Namen. Stultus, lateinisch = albern. Davon dann «Stultenius» und hieraus «Stultén» ähnlich wie aus «Linnaeus» «Linné».

TRUFAGURA (54): spanisch = Schwindelmann.

Gute Kenner der hier mißbrauchten Sprachen seien im Namen des Verfassers der Rh. um Verzeihung gebeten, daß diese zuweilen übel entstellt oder in unüblicher Weise im Dialekt verwendet worden sind. Aber bei Namen geschieht das oft, besonders auch hinsichtlich der abweichenden Orthographie.